W0258955

Zur Einführung.

Die **Werkstattbücher** werden das Gesamtgebiet der Werkstattstechnik in kurzen selbständigen Einzeldarstellungen behandeln; anerkannte Fachleute und tüchtige Praktiker bieten hier das Beste aus ihrem Arbeitsfeld, um ihre Fachgenossen schnell und gründlich in die Betriebspraxis einzuführen.

So unentbehrlich für den Betrieb eine gute Organisation ist, so können die höchsten Leistungen doch nur erzielt werden, wenn möglichst viele im Betrieb auch geistig mitarbeiten und die Begabten ihre schöpferische Kraft nutzen. Um ein solches Zusammenarbeiten zu fördern, wendet diese Sammlung sich an alle in der Werkstatt Tätigen, vom vorwärtsstrebenden Arbeiter bis zum Ingenieur.

Die „Werkstattbücher" werden wissenschaftlich und betriebstechnisch auf der Höhe stehen, dabei aber im besten Sinne gemeinverständlich sein und keine andere technische Schulung voraussetzen als die des praktischen Betriebes.

Indem die Sammlung so den einzelnen zu fördern sucht, wird sie dem Betrieb als Ganzem nutzen und damit auch der deutschen technischen Arbeit im Wettbewerb der Völker.

Bisher sind erschienen:

Heft 1: **Gewindeschneiden.** 7.—12. Tausd.
Von Obering. O. Müller.

Heft 2: **Meßtechnik.** Zweite, verbesserte Auflage. (7—14. Tausend.)
Von Professor Dr. tech. M. Kurrein.

Heft 3: **Das Anreißen in Maschinenbauwerkstätten.** 7.—12. Tausend.
Von Ing. H. Frangenheim.

Heft 4. **Wechselräderberechnung für Drehbänke.** 7.—12. Tausend.
Von Betriebsdirektor G. Knappe.

Heft 5: **Das Schleifen der Metalle.** Zweite, verbesserte Auflage. (7.—13. Tausend.)
Von Dr.-Ing. B. Buxbaum.

Heft 6: **Teilkopfarbeiten.**
Von Dr.-Ing. W. Pockrandt.

Heft 7: **Härten und Vergüten.**
1. Teil: **Stahl und sein Verhalten.**
Zweite, verbesserte Auflage. (7.—14. Tausend.)
Von Dipl.-Ing. Eugen Simon.

Heft 8: **Härten und Vergüten.**
2. Teil: **Praxis der Warmbehandlung.**
Zweite, verbesserte Auflage. (7.—14. Tausend.)
Von Dipl.-Ing. Eugen Simon.

Heft 9: **Rezepte für die Werkstatt.**
Von Chemiker Hugo Krause.

Heft 10: **Kupolofenbetrieb.**
Von Gießereidir. C. Irresberger. Zweite, verbesserte Auflage. (5.—10. Tausend.)

Heft 11: **Freiformschmiede.**
1. Teil: **Technologie des Schmiedens. — Rohstoffe der Schmiede.**
Von Direktor P. H. Schweißguth.

Heft 12: **Freiformschmiede.**
2. Teil: **Einrichtungen und Werkzeuge der Schmiede.**
Von Direktor P. H. Schweißguth.

Heft 13: **Die neueren Schweißverfahren.**
Von Prof. Dr.-Ing. P. Schimpke.

Heft 14: **Modelltischlerei.**
1. Teil: **Allgemeines. Einfachere Modelle.**
Von R. Löwer.

Heft 15: **Bohren.**
Von Ing. J. Dinnebier.

Heft 16: **Reiben und Senken.**
Von Ing. J. Dinnebier.

Heft 17: **Modelltischlerei.**
2. Teil: **Beispiele von Modellen und Schablonen zum Formen.**
Von R. Löwer.

Heft 18: **Technische Winkelmessungen.**
Von Prof. Dr. G. Berndt.

Heft 19: **Das Gußeisen als Werkstoff.**
Von Ing. Joh. Mehrtens.

Eine Aufstellung der in Vorbereitung befindlichen Hefte ist auf der 3. Umschlagseite abgedruckt.

Jedes Heft 48—64 Seiten stark, mit zahlreichen Textfiguren.

WERKSTATTBÜCHER
FÜR BETRIEBSBEAMTE, VOR- UND FACHARBEITER
HERAUSGEGEBEN VON EUGEN SIMON, BERLIN
HEFT 19

Das Gußeisen

Seine Herstellung, Zusammensetzung, Eigenschaften und Verwendung

Von

Joh. Mehrtens

Mit 15 Textfiguren

Springer-Verlag Berlin Heidelberg GmbH
1925

Inhaltsverzeichnis.

Ursprünglich erschienen bei Julius Springer in Berlin 1925

ISBN 978-3-662-34964-9 ISBN 978-3-662-35298-4 (eBook)
DOI 10.1007/978-3-662-35298-4

Einleitung.

Die vorliegende Arbeit soll eine Fortsetzung des Heftes 10 der Werkstattbücher „Kupolofenbetrieb" von Irresberger sein. In ähnlicher Weise, wie Irresberger die Praxis des Aufbaues und die Behandlung des einfachen Schachtofens, kurz und ohne weitläufige Erörterungen über die Wissenschaft des Verbrennungs- und Schmelzvorganges, schildert, sollen in diesem Heft die zweckmäßige Verwendung der Schmelzstoffe — Roh- und Gußbrucheisen, sowie Stahlschrott nebst Zusätzen — für die Erschmelzung bestimmter Arten Gußeisen im Schachtofen und die Bewertung der Gießereierzeugnisse selbst behandelt werden.

In dem Rahmen dieses Büchleins ist es nicht möglich, alle Fälle der Verwendung bestimmter Roheisensorten zu erörtern; aber die Beispiele sollen zeigen, daß trotz der Schwierigkeiten bei der Beschaffung der Roh- und Hilfsstoffe auch heute ein „hochwertiges" Gußeisen hergestellt werden kann.

In den Ausführungen ist auf die Arbeiten des Werkstoffausschusses im Normenausschuß der deutschen Industrie hingewiesen; ich habe auch, wie im „Deutschen Gießereitaschenbuch", auf die Wichtigkeit der Wartung der Schmelzanlage aufmerksam gemacht und die von mir aufgestellten Leitsätze für den Schmelzbetrieb eingefügt. Am Schluß ist einiges über die Prüfung des Gußeisens und über Lieferungsbedingungen gesagt.

I. Das gewerblich verwendbare Eisen.

Das Eisen ist seiner chemischen Zusammensetzung nach kein reines Metall, sondern eine Legierung, in der neben dem Eisen noch andere Metalle, wie Mangan, Kupfer, und Nichtmetalle, wie Kohlenstoff, Silizium, Phosphor, Schwefel und andere Elemente enthalten sind. Diese Beimengungen werden, um bestimmte Eigenschaften im Eisen zu erhalten, zugesetzt, soweit sie nicht schon im Rohstoff, dem Erz, enthalten waren. Es gibt Eisen von großer Weichheit und Zähigkeit, das ohne Sonderbehandlung jede Formveränderung verträgt, andere Eisensorten dagegen sind hart und spröde, so daß sie ohne Nachbehandlung nicht allein verwendbar sind.

Die Unterschiede sind in erster Linie von Menge und Form des Kohlenstoffes im Eisen abhängig. An einen Teil des Eisens chemisch gebunden findet sich der Kohlenstoff als Eisencarbid (Fe_3C) im schmiedbaren Eisen, im weißen und in geringem Maße auch im grauen Roh- und Gußeisen. Im freien Zustand, als elementarer Stoff, und zwar in der Form von Graphit und Temperkohle kommt der Kohlenstoff im grauen Roh- und Gußeisen vor. Der Graphit scheidet sich bei höheren Kohlenstoffgehalten (Roheisen — Gußeisen) und bei langsamer Abkühlung der Eisenschmelze in Form kristallisierter, schwarzglänzender Blättchen aus. Die Temperkohle entsteht beim Erhitzen des Gußeisens durch Zersetzung des Eisencarbides als punktförmige Kohlenstoffteilchen. Beide, Graphit und Temperkohle, setzen gegenüber dem gebundenen Kohlenstoff die Festigkeit und Härte des Eisens stark herab, seine Bearbeitbarkeit herauf. Der Graphit unterbricht den metallischen Zusammenhang des Eisens, so daß es beim Zerreißen ohne Dehnung bricht; die Temperkohle tut das wegen ihrer feinflockigen Form nicht, so daß geglühter Guß nicht unerhebliche Dehnung zeigen kann.

Je nach der vorhandenen Form und nach der Menge des Kohlenstoffgehaltes im Eisen wird nun unterschieden:

1. Roheisen, über 1,7 % Kohlenstoffgehalt. Es ist spröde und läßt sich nicht schmieden, walzen und hämmern; eine bleibende Formveränderung ist nicht möglich, ohne daß das Eisenstück zerstört wird.

a) Das graue Roheisen zeigt den größten Teil des Kohlenstoffes als Graphit. Es ist von hellgrauer bis tiefgrauer Farbe. Sein Schmelzpunkt liegt bei 1200°. Es wird sowohl zur Herstellung von Gußwaren verwendet, als auch in schmiedbares Eisen umgewandelt.

b) Das weiße Roheisen von silberweißer Farbe zeigt den Kohlenstoff in chemischer Bindung mit einem Teil des Eisens als Eisencarbid. Es ist härter und spröder als das graue Roheisen, sein Schmelzpunkt liegt etwas niedriger, bei 1100°. Dieses Eisen ist in der Hauptsache das Übergangserzeugnis für das schmiedbare Eisen.

c) Sonderroheisen — Siliziumeisen und Manganeisen. Sie werden unter besonderen Bedingungen neben dem normalen Roheisen hergestellt und als Zusätze bei der Stahl- und Gußeisenherstellung verarbeitet..

2. Schmiedbares Eisen. Dieses Eisen hat weniger als 1,7 % Kohlenstoff. Es besitzt die Eigenart, sich durch Schmieden, Walzen, Pressen in fast jede beliebige Form bringen zu lassen. Beim Erhitzen wird es allmählich bis zum Schmelzen weich. Der Schmelzpunkt liegt wesentlich höher als der des grauen Roheisens. Je nach der Herstellung ist Schweißeisen und Flußeisen zu unterscheiden, und in beiden Arten nach den chemischen und mechanischen Eigenschaften des Eisens „Schmiedeeisen" und „Stahl".

Unter „Schmiedeeisen" wurde bisher alles schmiedbare, nicht deutlich härtbare Eisen bis zu 50 kg/mm² Zugfestigkeit und unter „Stahl" alles schmiedbare, deutlich härtbare Eisen über 50 kg Zugfestigkeit benannt. Diese Unterscheidung ist nicht haltbar, weil die Zugfestigkeiten im hohen Maße auch von Art und Grad der vorhergehenden Bearbeitung, die Härtung stark von der Höhe der Erhitzungstemperatur, der Schnelligkeit des Abschreckens, der Art und der Temperatur der Kühlflüssigkeit abhängen.

Der Werkstoffausschuß „Eisen und Stahl" hat daher in seiner Sitzung vom 28. November 1923 folgende Erklärung abgegeben:

Der Begriff „Eisen" soll nur noch für das Element Eisen und das Gefüge „Ferrit" angewendet werden. Die handelsüblichen Bezeichnungen, wie Eisenblech, Universaleisen, Winkeleisen, U-Eisen, Stab- und Formeisen usf. bleiben unberührt. Wir befinden uns damit auch in Übereinstimmung mit anderen Ländern, beispielsweise England, das die Bezeichnung „angle iron", „channel iron", u. a. m. beibehalten hat, trotzdem es allgemein „steel" gebraucht.

In den Normblättern und anderen Drucksachen, wie Profilbüchern, Preislisten, soll alles schmiedbare, auf flüssigem wie teigigem Wege erzeugte Eisen „Stahl" genannt werden. Die in der Eisenhüttentechnik hergestellten Stoffe zerfallen also in die Hauptgruppen „Roheisen" und „Stahl". „Stahl" kann auf flüssigem und teigigem Wege erzeugt werden und heißt dann: Flußstahl, Schweißstahl und Puddelstahl.

II. Das Roheisen für die Herstellung von Gußwaren.

A. Herstellung des Roheisens im allgemeinen.

Das Roheisen wird in der Regel aus den in der Natur vorkommenden Eisenerzen gewonnen. Diese Erze sind Verbindungen des Eisens mit dem Sauerstoff (Oxyde), mit dem Schwefel (Sulfide), mit der Kohlensäure (Carbonate), mit der Phosphorsäure (Phosphate) u. a.

Für die Verarbeitung der Erze ist zunächst ihr Metallgehalt ausschlaggebend, damit ein wirtschaftliches Ausbringen gesichert werden kann. Infolge der durch den Weltkrieg geschaffenen, für uns recht ungünstigen Wirtschaftsverhältnisse, sind die deutschen Hochofenwerke gezwungen, auch minderwertige Erze und daneben als Ersatz große Mengen Schrott, d. h. Alteisen aller Art, zu verhütten. Unter normalen Verhältnissen muß die Zusammensetzung der Eisenerze den Anforderungen, die an das herzustellende Roheisen gestellt werden, genügen. Bei der Herstellung von Hämatitroheisen dürfen z. B. phosphorhaltige Erze nicht verhüttet werden, während andererseits derartige Erze für das phosphorhaltige Thomas-Roheisen von großem Wert sind. Ein hoher Schwefelgehalt im Erz ist sehr schädlich. Wird er nicht vor der Verhüttung durch Rösten entfernt oder im Hochofen vom Kalk aufgenommen, an Mangan gebunden und in die Schlacke geführt, bleibt er im Roheisen und kann, wie der Gießer weiß, oft großen Schaden anrichten.

Die wichtigsten Eisenerze sind:

Erzart	Chem. Zusammensetzung	Formel	Eisengehalte in %	
			ideal	in der Praxis
Magneteisenstein	Eisenoxyduloxyd	$FeO \cdot Fe_2O_3$	72	60÷68
Roteisenstein	Eisenoxyd	Fe_2O_3	70	40÷60
Brauneisenstein	Eisenhydrooxyd	$2 Fe_2O_3 \cdot 3 H_2O$	60	28÷35
Spateisenstein	Eisencarbonat	$FeCO_3$	48	30÷39

Der ideale Eisengehalt der Erze wird nie erreicht, da die Erze stets mit anderen Mineralien, den Gangarten, verbunden sind und außerdem einen Wassergehalt besitzen. Die Gewinnung des Roheisens im Hochofen erfolgt durch die Umwandlung (Reduktion) der Eisenerze und Schmelzung des abgeschiedenen Eisens, wobei gleichzeitig alle in der Beschickung enthaltenen Verunreinigungen in eine vom Eisen sich leicht trennende Schlacke überführt werden. Das Eisen bleibt in ständiger Berührung mit dem Brennstoff (Koks) und kann sich mit Kohlenstoff sättigen. Der Koksverbrauch im Hochofen ist je nach der Art des herzustellenden Roheisens oder der Eisenlegierung (Siliziumeisen, Manganeisen, Silicospiegeleisen) sehr verschieden. Das gewöhnliche Weißeisen benötigt geringen Brennstoff, das graue Roheisen mehr und das Silizium- wie Manganroheisen reichlicheren Brennstoff. Weitere Einzelheiten über den Schmelzgang im Hochofen geben die Lehrbücher über das Eisenhüttenwesen. Es sei hier insbesondere auf das vom Verein Deutscher Eisenhüttenleute-Düsseldorf herausgegebene Buch „Die gemeinfaßliche Darstellung des Eisenhüttenwesens“ hingewiesen.

B. Die Einteilung des Roheisens.

Das Roheisen wird, abgesehen von der Bezeichnung nach der Farbe, der Bruchfläche und dem Gefüge, nach seiner Verwendungsart eingeteilt in Gießerei-, Puddel-, Bessemer-, Thomas- und Martin-Roheisen. Nach der Art des Brennstoffes, der bei der Herstellung des Roheisens im Hochofen verwendet wurde, ist auch Holzkohlen- und Koksroheisen zu unterscheiden, sowie das im Elektroofen erzeugte Elektroroheisen.

Das Holzkohlenroheisen zeigt in der Regel einen geringen Gehalt an Silizium und Mangan; es ist frei von Schwefel und Arsen, wenn die Eisenerze davon frei waren. In Deutschland wird es nur noch in ganz geringen Mengen hergestellt; mehr noch in Schweden und Steiermark. Es kann damit gerechnet werden, daß das Holzkohlenroheisen in absehbarer Zeit vom Elektroroheisen vollständig verdrängt wird.

Bei Koksroheisen wird das graue, das weiße und das halbweiße Eisen unterschieden. Bei dem grauen Roheisen ist neben dem Kohlenstoff der wichtigste Bestandteil das Silizium (Si). Die Sorten nach dem Siliziumgehalt geordnet, ergeben folgende Zusammenstellung:

	Silizium %	Kohlenstoff %	Aussehen
1. Siliziumeisen	5,0÷17,0	3,00÷1,00	gelblich, weiß, Bruch feinkörnig und dicht
2. Si-reiches, graues Roheisen .	3,5÷5,0	3,5 ÷3,00	lichtgrau, feinkörniges Gefüge
3. Tiefgraues Roheisen ...	2,0÷3,5	3,5 ÷4,00	graphitreich (90 %), tiefgraue bis schwarze Farbe
4. Gewöhnliches graues Roheisen	1,5÷2,0	3,50	weniger dunkel, feinkörniger als 3. Graphit 75—80 %)
5. Hellgraues Roheisen ...	1,0÷1,5	3,50	hellgrau und feinkörniger als 4. (Graphit 60—70 %)
6. Halbweißes Roheisen ...	1,0	3,00	weiße Grundmasse, vereinzelte Graphitblätter
7. Weißes Roheisen	unter 1,0	3,00	mattweiße Farbe

Das Gießereiroheisen wird heute in bezug auf den Siliziumgehalt nicht mehr nach der Farbe der Bruchfläche oder nach der Korngröße des Bruchgefüges bewertet; der Gießer weiß, daß nur die Analyse volle Klarheit über die Zusammensetzung geben kann.

Nach der chemischen Zusammensetzung unterscheidet man auf Grundlage des Phosphorgehaltes folgende Roheisensorten:

1. Hämatitroheisen: unter 0,1 % Phosphor
2. Gießereiroheisen: nicht mehr als 0,6 % Phosphor
3. Luxemburger Roheisen: mit 1÷1,8 % Phosphor.

Unter den zur Zeit bei der Beschaffung geeigneter Erze für Deutschland bestehenden Schwierigkeiten sind die obengenannten Grenzen des Phosphorgehaltes nicht immer einzuhalten; die Gießereien müssen deshalb entsprechende Nachsicht üben. Das Hämatiteisen hat neben dem geringen Phosphorgehalt nur wenig Schwefel, der in der Regel unter 0,02 % bleibt. Es zeigt oft ein weniger grobes Korn als das Luxemburger Roheisen.

Das deutsche Gießereiroheisen ist in der Zusammensetzung zur Zeit ebenfalls größeren Schwankungen unterworfen, sein Phosphorgehalt steigt mitunter bis auf 0,80 %. Es muß damit gerechnet werden, daß diese abnorme Zusammensetzung der Roheisensorten noch einige Zeit anhält.

C. Die Bewertung des Roheisens.

Die Auswahl des Roheisens wird auch heute noch in vielen Gießereibetrieben nach überholten Anschauungen getroffen; es sei wiederholt betont, daß der Wertmesser für die Auswahl des Roheisens stets die Analyse bilden muß. Das Bruchaussehen des Roheisens führt oft zu falschen Schlüssen, weil nicht nur die Zusammensetzung des Eisens, sondern auch die Größe und die Zeit der Abkühlung der Roheisenmassel von Einfluß auf das Bruchaussehen sind.

Im allgemeinen gilt die Regel: je höher der Siliziumgehalt bei entsprechend niedrigem Gehalt an Mangan, Phosphor und Schwefel, um so grauer erscheint das Roheisen und um so höher wird es bewertet. Andererseits können aber auch bei niedrigem Silizium- und Mangangehalt, jedoch hohem Kohlenstoff, die Roheisensorten im Gefüge noch grau ausfallen. Es ist also zu verstehen, daß danach gestrebt wird, zuverlässigere Richtlinien für die Wertbeurteilung des Roheisens einzuführen, so daß dadurch auch eine gleichmäßige Zusammensetzung im erschmolzenen Gußeisen ermöglicht werden kann.

Die chemisch-analytischen Untersuchungen beziehen sich bei der Herstellung von Grauguß hauptsächlich auf die Bestimmung von Silizium, Mangan, Phosphor und Schwefel; es empfiehlt sich aber, auch die Gehalte an Gesamtkohlenstoff und Graphit zu prüfen, wobei jeweils die Art der Schmelzung, ob im Schacht-, Herd-, Tiegel- oder Elektroofen, zu berücksichtigen ist. Die Höhe des Kohlenstoffgehaltes spielt besonders für die Erzeugung von hochwertigem Gußeisen (Sondereisen) eine Rolle.

Bereits im Jahre 1908 machte der Verein Deutscher Eisengießereien folgende Vorschläge für eine einheitliche Einteilung der Roheisensorten nach der Zusammensetzung (Analyse):

Roheisensorte	Silizium %	Mangan %	Phosphor %	Schwefel %
	nicht über	nicht über	nicht über	nicht über
Hämatit I	3,0	0,8	0,1	0,02
„ II	2,5	0,8	0,1	0,03
„ III	1,8	0,8	0,1	0,04
Gießereiroheisen I	3,0	0,8	0,6	0,02
„ II	2,5	0,8	0,6	0,04
„ III	1,8	0,8	0,6	0,06
Luxemb. Roheisen I	3,0	0,7	1,7	0,03
„ „ II	2,5	0,7	1,7	0,04
„ „ III	1,8	0,7	1,7	0,06

Dieser Vorschlag ist leider noch nicht angenommen. Daneben ist auch vom Roheisenverband ein Vorschlag gemacht, der die Einteilung der Roheisensorten wie folgt festsetzen soll:

Roheisensorte	Silizium %	Mangan %	Phosphor %	Schwefel %
		nicht über	nicht über	nicht über
Hämatitroheisen	2÷3	1,2	0,1	0,04
Gießereiroheisen I	2,25÷3,0	1,0	0,7	0,04
„ III	1,8 ÷2,5	1,0	0,9	0,06
„ Luxemburger Qualität	1,8 ÷2,5	0,8	1,6÷1,8	0,06

Für die Gießereien wäre die Schaffung derartiger Verkaufsregeln von großer Bedeutung, weil damit auch der Einkauf wesentlich erleichtert würde. Vorläufig ist aber an derartige Normen nicht zu denken, doch wird die Frage nach eingetretener Gesundung unserer Wirtschaftsverhältnisse ohne Zweifel weiter verfolgt werden.

Bezüglich der Lieferung von Roheisen ist beim Kauf nach Analyse stets ein Spielraum in der Zusammensetzung zulässig, denn es ist bei der Eigenart des Hochofenbetriebes nicht möglich, stets genau dasselbe Roheisen zu erblasen.

Das Roheisen, wie es von der Hütte geliefert wird, ist meist stark mit Sand behaftet, der oft bis 1 % in Anrechnung gebracht werden kann. In der Regel liefern die Hütten zum Ausgleich ein Übergewicht. Es ist ein erstrebenswertes Ziel, das Roheisen nicht in Sandformen, sondern in Dauerformen (Kokillen) zu gießen, wie dies versuchsweise die „Aplerbeckerhütte“ und die „Kupferhütte“ (Duisburg) tun.

Die Herstellung von Roheisen im Elektroofen kommt nur für solche Länder in Frage, in denen elektrische Kraft in genügenden Mengen zu billigen Preisen zur Verfügung steht, wie z. B. in Schweden, Norwegen, Finnland, Nord- und Südamerika usw. Das Elektroroheisen bildet in vielen Fällen einen brauchbaren Ersatz für das Holzkohlenroheisen, es wird daher in erster Linie als Zusatz für hochwertiges Gußeisen, wie Zylinder, Geschoßkörper usw. verarbeitet. Einige weitere Angaben über das Elektroroheisen finden sich an anderer Stelle.

D. Die Analysen der deutschen Roheisensorten.

1. Durchschnittswerte verschiedener Roheisensorten, aufgestellt vom Verein Deutscher Eisenhüttenleute 1924.

Roheisengattung	Herkunft	Bruchfarbe	Ges. Kohlenstoff %	Graphit %	Silizium %	Mangan %	Phosphor %	Schwefel %
Hämatit . . .	Rhl.-Wf.	grau	3,5÷4,5	3,2÷4,0	2,3÷4,0	0,7÷1,0	0,07÷0,10	0,01÷0,03
„ . . .	O.-Schl.	„	3,8÷4,0	3,5÷3,7	2,0÷3,5	0,8÷1,2	0,07÷0,10	0,03÷0,06
„ . . .	Rhld.	„	3,8÷4,2	3,5÷3,9	2,0÷3,0	0,8÷1,0	0,07÷0,10	0,02÷0,05
Gieß.-Roheisen								
Nr. I . . .	Rhl.-Wf.	„	3,5÷4,5	3,2÷4,0	2,5÷4,0	0,5÷1,0	0,4÷0,8	0,02÷0,05
„ I . . .	O.-Schl.	„	3,5÷4,0	3,2÷3,6	2,5÷4,0	1,0÷2,0	0,3÷0,7	0,02÷0,05
„ III . . .	Rhl.-Wf.	„	3,5÷4,0	3,1÷3,5	2,0÷3,0	0,5÷1,0	0,4÷0,8	0,03÷0,06
„ III . . .	Loth.-Lx.	„	3,0÷3,7	2,9÷3,2	2,0÷2,7	0,3÷0,5	1,7÷1,9	0,02÷0,05
„ III . . .	O.-Schl.	„	3,3÷3,7	3,0÷3,3	2,3÷3,0	1,0÷2,0	0,3÷0,7	0,03÷0,07
„ V . . .	Loth.-Lx.	„	3,0÷3,4	2,3÷2,5	1,3÷2,0	0,3÷0,5	1,7÷1,9	0,05÷0,10
engl. III . .	Rhld.	„	3,8÷4,0	3,3÷3,5	2,0÷3,0	1,0÷1,2	1,0÷1,1	0,02÷0,05
Gieß.-Holzkohlenroheisen .	O.-Schl.	„	3,4÷3,9	2,4÷3,1	1,1÷1,4	0,4÷0,5	0,3÷0,7	0,03÷0,06
Gieß.-Roheisen, kohlenstoffarm	Rhl.-Wf.	„	2,2÷2,8	?	1,3÷1,8	0,6÷0,9	0,3÷0,6	0,02÷0,05
Bess.-Roheisen .	„	„	3,0÷4,0	?	1,5÷2,5	4,0÷5,0	0,07÷0,08	0,01÷0,03
Puddel- „ .	„	weiß	2,0÷2,5	—	0,2÷0,5	2,0÷2,5	0,3÷0,7	0,04÷0,08
„ „ .	O.-Schl.	grau	?	?	1,5÷2,5	1,5÷3,0	0,2÷0,6	0,05÷0,10
„ „ .	„	weiß	?	—	0,5÷1,5	1,5÷3,0	0,3÷0,6	0,05÷0,10
Martin- „ .	Rhl.-Wf.	gr.-w.	3,0÷4,0	—	1,3÷2,0	1,5÷2,5	0,2÷0,3	0,03÷0,09
„ „ .	O.-Schl.	weiß	3,0÷4,0	?	1,5÷2,5	3,0÷4,5	0,2÷0,3	0,03÷0,05
„ „ .	„	„	3,0÷4,0	—	0,8÷1,5	3,0÷4,5	0,2÷0,3	0,04÷0,05
Stahleisen-Roheisen . .	Siegerld.	„	3,0÷3,5	—	0,2÷0,8	4,0÷8,0	0,07÷0,09	0,01÷0,03
Thomas-Roheisen								
Marke Mn. .	Rhl.-Wf.	„	?	—	?	unt. 2,0	1,7÷1,9	0,10÷0,15
„ M. M. .	„	„	3,7÷3,9	—	0,5÷1,0	unt. 1,5	1,7÷1,9	0,10÷0,15
„ O. M. .	„	„	3,2÷3,7	—	0,5÷1,5	unt. 1,0	1,0÷1,8	0,10÷0,15
„ Mn. . .	Loth.-Lx.	„	2,8÷3,4	—	0,4÷0,8	unt. 1,5	1,7÷1,8	0,04÷0,07
„ O. M. .	„	„	2,8÷3,4	—	0,4÷0,8	0,3÷0,4	1,7÷1,8	0,08÷0,15
Spiegeleisen . .	Siegerld.	„	4,0÷5,0	—	0,3÷0,5	6,0÷25	0,06÷0,1	0,01÷0,02
Ferromangan .	Rhl.-Wf.	„	6,0÷7,5	—	1,3÷0,3	60÷80	0,3÷0,4	0,01÷0,02
„ -Silizium	„	grau	3,0÷1,0	—	8÷10	0,6÷1,0	0,07	0,01÷0,02

2. Analysen verschiedener Roheisensorten auf Grund der Untersuchungen in den Gießereien und Hüttenwerken.

a) Hämatitroheisen.

Hütte	Kohlenstoff %	Silizium %	Mangan %	Phosphor %	Schwefel %
Bochumer Verein	4,36	2,75	1,40	0,08	0,03
Dortmunder Union	4,38	2,36	0,82	0,08	0,04
Friedr. Wilh.-Hütte, Mülheim-Ruhr	3,60	2,0÷4,5	0,4÷1,4	0,09	0,02
Georgs-Marien-Hütte	4,30	2,1÷3,0	0,95	0,09	0,03
Gute-Hoffnungs-Hütte	3,5÷4,5	2,5÷3,5	0,8÷1,0	0,09	0,03
Hochdahl	—	3,25	0,90	0,09	0,02
Lübeck	3,45	2,50÷4,00	0,6÷1,2	0,08	0,02
A.-G. für Hüttenbetrieb, Meiderich .	3,8÷4,2	2,5÷3,5	0,8÷1,1	0,08	0,04
Phönix Hörde	3,45	3,00	1,0	0,08	0,02
Kraft, Stettin, Krazwick	3,80	3,25	1,0	0,12	0,04
Krupp	3,8÷4,2	2,0÷3,0	0,25÷1,0	0,08	0,04
Rhein. Stahlw. Meiderich	4,05	1,29÷3,0	0,53÷1,15	0,05÷0,09	0,03÷0,05
Niederrh. Hütte, Duisbg. Hochfeld	3,98	2,76÷5,17	0,6÷1,00	0,18÷0,22	0,02
Nordd. Hütte, Emden	3,77÷4,14	2,2÷3,6	0,52÷0,76	0,15÷0,20	0,02÷0,07
Phönix, Ruhrort	4,00	2,75	1,1	0,07	0,03
Schalker-Verein	4,50	3,40	0,8	0,09	0,02
Borsigwerk	3,8÷4,0	1,8÷3,0	1,0÷1,25	0,08	0,04
Donnersmarkhütte	3,80	2,25÷3,5	0,8÷1,25	0,08÷0,12	0,05

b) Deutsches Gießereiroheisen I und III.

Hütte	Kohlenstoff %	Silizium %	Mangan %	Phosphor %	Schwefel %
Aplerbeckerhütte	4,02	2,2÷2,75	0,75	0,35	0,03
Buderus	3,8÷4,0	2,0÷2,8	0,70	0,6÷0,9	0,04
Cöln-Müsen	4,0	2,0÷2,75	0,70	0,45	0,03
Georgs-Marien-Hütte	—	3,4	0,75	0,59	0,02
Gleiwitz, Kgl. Hütte	3,70	2,5÷3,0	1,2÷1,4	0,5÷0,7	0,04
Kraft, Kratzwieck	3,80	3,0	1,0	0,4	0,05
Nordd. Hütte, Emden	3,80	2,2÷2,75	0,75	0,5÷0,95	0,04
Phönix	3,98	2,40	0,60	0,95	0,03
Concordiahütte, Engers	—	1,5÷3,5	0,8÷1,15	0,8÷0,9	0,06
Friedr. Wilh.-Hütte, Mülheim-Ruhr	—	1,8÷4,0	0,5	0,4÷0,8	0,04
do. Troisdorf	—	2,12÷2,50	0,5	0,80÷0,90	0,027–0,07
Rhein. Stahlw. Meiderich	3,85	2,0	0,8	0,4	0,05
A.-G. für Hüttenbetrieb, Meiderich .	3,5÷4,2	2,0÷3,2	0,6÷0,8	0,1	0,04
Gute-Hoffnungs-Hütte I	3,5÷4,5	2,5÷4,0	0,5÷0,6	0,3÷0,5	0,02
„ „ „ III	3,0÷4,6	2,0÷3,0	0,5÷0,6	0,65÷0,75	0,03
Krupp	3,6÷4,0	1,8÷2,6	0,6÷0,8	0,5	0,05
Schalke	—	2,0÷4,48	0,6	0,67	0,02
Nassauer	—	2,0÷4,0	0,9	0,5÷0,7	0,04
Bremerhütte (Siegen)	3,5÷4,0	1,8÷3,5	0,5÷0,8	0,6	0,02
Julienhütte-Borsigwerk	3,6÷4,0	2,5÷3,0	0,4÷0,6	0,7÷0,8	0,04
Donnersmarkhütte I	3,5÷4,0	2,5÷4,0	1,0÷1,6	0,3÷0,6	0,04
Hubertushütte	3,5÷3,8	2,0÷3,5	1,25÷2,0	0,3÷0,7	0,05
Kraft III Stettin	3,6	3,1÷3,3	0,49	0,87	0,02
Lübeck Nr. I	1,0÷4,2	2,0÷3,5	0,6÷1,0	0,2÷0,30	0,03
„ Nr. III	3,0÷4,1	2,5÷3,0	0,6÷0,9	0,4÷0,60	0,02
Gute-Hoffnungs-Hütte (Lux. Ersatz)	3,5÷4,5	2,0÷3,0	0,7÷1,5	1,1÷1,5	0,03
Donnersmarkhütte III Engl. III (Ersatz)	3,5	2,5÷5,5	0,7÷1,50	1,16÷1,33	0,02
Lübeck Engl. III (Ersatz)	3,8÷4,1	2,0÷3,0	0,6÷0,9	1,0÷1,2	0,02
Mathildenhütte III	3,4÷4,0	1,4÷2,2	0,4÷0,6	1,2÷1,68	0,03

b) Deutsches Gießereiroheisen I und III.

Hütte	Kohlenstoff %	Silizium %	Mangan %	Phosphor %	Schwefel %
Amberger II	3,6	3,05	0,3	1,35	0,05
„ V	3,5	1,3	0,3	1,20	0,05
Friedr. Wilh.-Hütte, Troisdorf . . (Lux. Ersatz)	3,8	2,4	0,6	1,65	0,03
Georgs-Marien-Hütte . . . . . . (Lux. Ersatz)	3,75	2,15÷3,30	0,5÷0,9	0,94÷1,67	0,03–0,057
Niederrheinische Hütte I	—	2,5	0,45	0,6÷0,7	0,05

Die deutschen Gießereiroheisensorten werden als Nr. I und Nr. III gehandelt. Phosphor- und schwefelärmere, aber siliziumreichere Sorten gelten als Nr. I, phosphor- und schwefelreichere, aber siliziumärmere Sorten werden in der Regel mit Nr. III bezeichnet. Unter den zur Zeit bestehenden größeren Schwierigkeiten für die Hüttenwerke in der Beschaffung der Rohstoffe müssen die Gießereien bezüglich der Zusammensetzung des Gießereieisens entsprechendes Entgegenkommen zeigen.

c) Luxemburger Roheisen.

	Kohlenstoff %	Silizium %	Mangan %	Phosphor %	Schwefel %
Luxemburger III	3,0÷3,7	2,0÷4,3	0,3÷0,77	1,6÷2,0	0,01÷0,06
„ IV	3,0÷3,4	1,47÷2,25	0,5÷0,75	1,1÷1,9	0,03÷0,09
„ V	3,0÷3,5	1,2÷1,7	0,4÷0,85	1,5÷1,9	0,03÷0,07

d) Siliziumeisen (Ferrosilizium).

Benennung	Kohlenstoff %	Silizium %	Mangan %	Phosphor %	Schwefel %
Si-reiches graues Roheisen . . .	3,00	5,0	0,60	0,15	0,03
Siliziumeisen 10%	2,60	10,00	0,90	0,12	0,02
„ 15%	1,50	15,00	1,00	0,04	0,02
„ 25%	0,52	25,80	0,42	0,04	0,03
Elektro-Ferro-Si 50%	0,30	51,70	0,16	0,06	0,02
„ „ „ 75%	0,25	75,50	0,25	0,04	0,01

e) Manganreiches Roheisen (Ferromangan und Silicomangan).

Hütte	Kohlenstoff %	Silizium %	Mangan %	Phosphor %	Schwefel %
Birlenbach kalt erblasen:					
grau	2,5÷3,4	2,23÷4,23	2,4÷3,4	0,19÷0,4	0,08÷0,10
weiß	3,3	0,5÷0,8	4,0÷5,0	0,10÷0,4	0,08
Niederdreisbach	3,25	1,8÷2,4	1,7÷2,8	0,35	0,08
Cöln-Müsen	3,3	0,15	4,0	0,10	0,01
Gleiwitz, grau	3,1	1,5	1,8	0,60	0,07
weiß	3,3	0,70	2,5	0,50	0,05
Rolandshütte, weiß	3,63	0,55	2,85	0,30	0.05
Spiegeleisen, Geisweid	4,16	0,30÷1,0	8,2÷12,8	0,06	0,03
Charlottenhütte	—	0,23÷0,79	2,3÷5,2	0,06÷0,2	0,03÷0,08
Siegerländer Zusatzeisen:					
weiß	—	0,80÷1,0	4,0	0,15÷0,20	0,03÷0,04
meliert	—	1,3÷1,7	4,0	0,18÷0,2	0,03÷0,04
grau	—	1,5÷2,0	3,0	0,2 ÷0,3	0,04÷0,06
Silicomangan	1,5 – 2,5	10—12	20,0	0,18	0,01

Das Ferromangan mit 80% und mehr Mn-Gehalt zerfällt an der Luft. Es wird im Hochofen hergestellt. Die manganreichen Roheisensorten dienen in der Eisengießerei als Zusatzeisen im Schmelzofen zur Erhöhung des Mangangehaltes in der Eisenmischung. In der Stahlgießerei wird das Ferromangan vorzugsweise als Desoxydationsmittel angewendet. In Form der Manganformlinge findet es aber auch in der Eisengießerei mit bestem Erfolg als Eisenreinigungsmittel, besonders zur Beseitigung des Schwefels, Verwendung.

f) Kohlenstoffarmes Roheisen.

Hütte	Marke	Kohlenstoff %	Silizium %	Mangan %	Phosphor %	Schwefel %
Concordiahütte,						
Hämatitart	CH	2,5÷2,8	1,1÷1,8	0,6÷0,8	unter 0,1	0,03÷0,04
Gießereieisenart . . .	CG	2,5÷2,8	1,5÷1,8	0,6÷0,8	0,5÷1,0	0,05
Friedr. Wilh.-Hütte, Mülheim-Ruhr (Silbereisen)						
Hämatitart		2,2÷2,8	1,3÷1,8	0,6÷0,9	0,06÷0,09	0,02÷0,05
Gießereieisen-Art . . .		2,2÷2,3	1,3÷1,8	0,6÷0,9	0,3÷0,6	0,02÷0,05
Siegerländer	Carm	2,10÷2,80	0,85÷1,9	1,2÷1,8	0,35	0,1÷0,2

g) Deutsche Holzkohlenroheisen.

Hütte	Kohlenstoff %	Silizium %	Mangan %	Phosphor %	Schwefel %
Berg- u. Hüttenverwaltg. Achtal:					
grau	3,83	1,44	0,34	0,70	0,044
weiß	4,04	0,53	ger.Meng.	0,64	0,047
Harzer Werke zu Rübeland und Zorge, grau	3,72	1,46	0,60	0,71	0,026
Neuhütte J. W. Bleymüller, Schmalkalden, weiß	2,45	1,00	6,65	0,10	0,056
weiß	3,05	0,79	6,32	0,11	0,031
Hüttenamt Rotehütte a. Harz, grau	—	1,48÷1,88	0,36÷0,76	0,40÷0,50	0,03÷0,06
Hüttenwerk Wzieska, Landsberg OS, grau, grobkörnig . .	3,88	1,44	0,47	0,25	0,034
„ feinkörnig . .	3,36	1,06	0,44	0,70	0,062
weiß, feinstrahlig . .	3,12	0,39	0,46	0,95	0,080
Duisbg. Kupferhütte, grau . . .	3,75	1,0÷1,20	0,15÷0,3	0,05÷0,08	0,02
Holzkohlenroheisen-Ersatz:					
meliert	3,50	0,80	0,15	0,05	0,07
weiß	3,20	0,50	0,15	0,05	0,17

h) Hartgußroheisen.

Hütte	Kohlenstoff %	Silizium %	Mangan %	Phosphor %	Schwefel %
Krupp, Hartgußroheisen	3,5	0,5	0,7÷0,1	0,4	÷ 0,11
Niederrh. Hütte, Hartgußroheisen	3,0	0,65	0,8	0,5	0,1
Witkowitzer Hartgußroheisen punktiert	2,6÷3,0	0,4÷0,6	0,5÷0,7	0,4÷0,6	0,15
Witkowitzer Hartgußroheisen meliert.	2,7÷3,0	0,5÷0,8	0,6÷0,8	0,2÷0,4	0,10

Zu den Hartgußroheisensorten zählen auch einige Marken der Kupferhütte, Duisburg und einige Holzkohlenroheisen mit niedrigem Si-Gehalt. Für den vorgenannten Zweck finden ebenfalls schwedische Sonderroheisen Verwendung.

i) Temperroheisen.

Herkunft		Kohlenstoff %	Silizium %	Mangan %	Phosphor %	Schwefel %
Deutsches Koksroheisen	Duisburger Kupferhütte	3,28	1,20	0,18	0,061	0,062
	dasselbe	3,28	0,65	0,26	0,056	0,121
Temperroheisen der Niederrhein. Hütte	grau	3,85	0,95	0,30	0,06	0,08
	weiß	—	0,60	0,15	0,06	0,15
Schwedisches Holzkohlenroheisen	B Pfeil	3,94	1,13	0,23	0,050	0,058
	S L.	3,90	1,09	0,18	0,077	0,020
	K N F.	4,50	0,82	0,30	0,068	0,009
	K N F.	4,03	0,21	0,21	0,071	0,016
	K NF M	—	—	0,40	0,050	0,015
	F Krone grau	—	—	0,12	0,075	0,015
	F Krone weiß	—	—	0,12	0,075	0,015
	C D weiß	4,07	0,18	0,25	0,062	0,015
	C D grau	4,03	1,44	0,35	0,042	0,025
	AB	3,10	0,23	0,32	0,069	0,030
	Krone	3,27	1,61	0,86	0,153	0,030
	Krone	3,70	0,31	0,53	0,103	0,030
Engl. Koksroheisen	H B grau	3,69	1,46	0,50	0,061	0,108
	H B weiß	2,80	0,80	0,26	0,087	0,439
	H C M grau	3,81	1,53	0,15	0,056	0,376
	H C M weiß	2,13	0,86	0,11	0,040	0,430
	D T N grau	3,69	1,71	0,19	0,050	0,058
	D T N weiß	2,98	0,47	0,27	0,057	0,403

k) Roheisenersatz (Synthetisches Roheisen). In neuerer Zeit kommen weitere Roheisensorten in den Handel, die sowohl im Elektroofen wie auch im einfachen Schacht- und Herdofen gewonnen sind. In der Hauptsache werden diese Ersatzroheisen aus Stahlschrott, Stahlspänebriketts und Gußbrucheisen erschmolzen. Sie sollen ein Ersatz für das zeitweise fehlende kohlenstoffarme Sonderroheisen sein. Dieses Eisen muß selbstverständlich je für den Verwendungszweck mit einer gewissen Vorsicht zugesetzt werden. Das Eisen zeigt einen geringen Kohlenstoffgehalt von etwa 2,3÷2,8 %. Es wird sowohl grau wie weiß geliefert, und der Siliziumgehalt schwankt zwischen 0,6 und 1,5 %. In der Regel kommt es in sandfreie Masseln, also in Dauerformen gegossen, in den Handel. Der Schwefelgehalt geht bisweilen auf 0,08 % und darüber. Das im elektrischen Lichtbogenofen erschmolzene Eisen verdient jedenfalls den Vorzug; es sei denn, daß im Schacht- oder Flammofen ein besonderes Eisenreinigungsverfahren angewendet wird. Als synthetisches Roheisen kommt auch hochsiliziertes Eisen mit 12÷14 % Si-Gehalt und darüber in den Handel. Soweit Erfahrungen vorliegen, zeigt dieses Eisen oft einen höheren Schwefelgehalt; die Zusammensetzung schwankt auch im Si-Gehalt.

Als Beispiele seien folgende Analysen angeführt:

Benennung	Kohlenstoff %	Silizium %	Mangan %	Phosphor %	Schwefel %
Ersatzroheisen aus dem Flammofen	2,60	1,25	0,62	0,34	0,08
„ „ „ Elektroofen weiß	2,50	0,50	0,13	0,05	0,03
Ersatzroheisen aus dem Siemens-Martin-Ofen (aus Gußeisenspänen erschmolzen mit Zusatz von FeSi und FeMn)	3,00	2,72	0,88	0,45	0,08

E. Analysen einiger Roheisensorten des Auslandes.

1. Nordamerikanische Roheisensorten.

Bezeichnung (Herkunft)	Silizium %	Mangan %	Phosphor %	Schwefel %
Gießereiroheisen aus dem Süden	1,25÷3,25	0,20÷0,80	0,40÷1,50	÷0,07
„ „ „ Osten	1,00÷3,25	0,40÷1,00	0,10÷1,25	÷0,07
„ „ „ Westen	1,00÷3,75	0,40÷1,00	0,40÷1,00	÷0,10
„ m. geringem P-Gehalt	1,00÷2,00	—	÷0,035	÷0,035
Sonderroheisen	÷16,00	÷4,00	÷1,50	÷0,02
„ Mayari	mit Nickel- und Chromgehalten von 1,20÷2,40%			
Holzkohlenroheisen (Lake Superior Irons)	0,10÷2,75	0,30÷0,70	0,15÷0,72	÷0,02
Holzkohlenroheisen aus dem Osten	1,75÷3,00	0,25÷1,30	0,20÷0,40	÷0,03
Bessemer Roheisen	1,00÷2,00	—	÷0,10	÷0,05
„ Temperroheisen	0,75÷2,00	—	÷0,20	÷0,05

2. Englische Roheisensorten.

a) Sonder-Roheisen.

	Kohlenstoff %	Silizium %	Mangan %	Phosphor %	Schwefel %
Frodair	3,15	1,2	1,3	1,10	0,07
Bearcliffe	3,5	1,0	0,85	0,04	0,03
Kittel C. B.	3,2	0,75	0,4	0,39	0,06
Norfield Strong	3,57	1,3	1,12	0,03	0,06
Norfield	3,82	1,0	1,08	0,03	0,025

b) Gießereiroheisen.

	Silizium %	Mangan %	Phosphor %	Schwefel %
Clarence III	2,7÷3,05	0,56÷0,7	1,56÷1,7	0,03÷0,05
Cleveland III	2,8	0,6	1,55	0,04
Cley Lane III	2,7	0,65	1,63	0,06
Clarence III (Spezial)	1,6	0,55	1,65	0,09
„ IV	2,16	0,55	1,60	0,07
Cleveland IV	2,5	0,6	1,65	0,09
„ „	2,3	0,6	1,65	0,09

Diese Roheisenmarken werden auch als Middelsbrough Nr. III und Nr. IV bezeichnet.

c) Schottisches Roheisen.

	Silizium %	Mangan %	Phosphor %	Schwefel %
Summerlee III	3,1	0,7	0,8	0,025
Eglington III	2,25	1,25	0,8	0,04
Govan III	4,0	0,65	0,75	0,055
Monkland III	2,4	0,6	0,35	0,03
Dallmellington IV	2,1	1,3	0,9	0,1
Monkland IV	1,85	0,45	0,32	0,04
Schottisch Hämatit	1,55	0,88	0,025	0,03

Das englische Roheisen wird in der Regel nach dem Bruchaussehen und nicht nach der Analyse verkauft.

Es sei bemerkt, daß unter der Bezeichnung „Frodairroheisen“ die heißerblasenen und unter „Coldairroheisen“ die kalterblasenen englischen Roheisensorten zu verstehen sind. In früherer Zeit war das englische Roheisen in Deutschland schlechthin als „Qualitäts“-Roheisen in Verwendung. Die Fortschritte im deutschen Eisenhüttenwesen haben uns aber von dem Bezuge des englischen Roheisens vollständig unabhängig gemacht; die durch den unglücklichen Ausgang des Weltkrieges herbeigeführten abnormen Wirtschaftsverhältnisse in unserer Eisenindustrie ändern hieran wenig oder gar nichts. Es wird allerdings vorübergehend ein Bezug von ausländischem Roheisen nicht zu umgehen sein. Es sei weiter bemerkt, daß die Schmelzversuche mit Gußeisen- und Stahlspänebriketts den Beweis erbrachten, daß in vielen Fällen diese Späneblöcke als Ersatz des englischen kohlenstoffarmen Roheisens Verwendung finden können

3. Schwedische Roheisensorten (einschl. Holzkohlenroheisen).

	Kohlenstoff %	Silizium %	Mangan %	Phosphor %	Schwefel %
Björneborgs CAH No. I	2,85	2,38	0,54	0,13	0,14
„ „ III	3,11	1,91	0,6	0,13	0,08
„ „ IV	2,50	1,75	0,32	0,27	0,1
STH	3,61	0,1	0,09	0,07	0,02
N : 6 : R	3,86	1,14	0,12	0,08	0,013
AB weiß	3,10	0,23	0,32	0,04	0,03
O (mit Krone) grau	3,86	1,3	0,13	0,06	0,01
CD grau	4,03	1,38	0,2	0,06	0,01
SL „	4,37	1,2	0,1	0,05	0,005÷0,02

4. Norwegisches Gießereiroheisen. (Firma Tinfos Jernverk).

No.	Kohlenstoff %	Silizium %	Mangan %	Phosphor %	Schwefel %
1. weich	3,6÷3,9	1,0÷1,5	0,5÷1,50	0,07÷0,08	0,01÷0,04
2. „	3,6÷3,9	1,5÷2,0	0,5÷1,50	0,07÷0,08	0,01÷0,04
3. sehr weich	3,6÷3,9	2,0÷2,5	0,5÷1,50	0,07÷0,08	0,01÷0,04
4. „ „	3,2÷3,6	2,5÷3,0	0,5÷1,50	0,07÷0,08	0,01÷0,04
5. „ „	3,2÷3,6	3,0÷4,0	0,5÷1,50	0,07÷0,08	0,01÷0,04
6. halb weiß	3,5÷3,9	0,6÷1,0	0,5÷1,50	0,07÷0,08	0,01÷0,04
7. ganz weiß	3,5÷3,9	0,3÷0,8	0,5÷1,50	0,07÷0,08	0,01÷0,04

5. Roheisensorten der vormals österreichisch-ung. Monarchie.

	Kohlenstoff %	Silizium %	Mangan %	Phosphor %	Schwefel %
Witkowitz Hämatit, grobkörnig . .	3,6÷4,6	2,5÷3,59	0,3÷0,4	0,13÷0,16	0,02
„ „ feinkörnig . .	2,5÷4,0	2,0÷3,0	0,6÷1,0	0,19 max.	0,01÷0,02
„ „ No. I	3,6÷4,3	2,5÷3,0	0,7÷1,25	0,4÷0,6	0,02
„ „ No. III	3,0÷3,8	1,2÷1,8	0,6÷0,9	0,4÷0,6	0,05
Vareser Holzkohleneisen gr. grobkörn.	4,0	3,0	1,25	0,25	0,034
„ „ mittelkörnig	3,7	2,4	1,1	0,25	0,032
„ „ feinkörnig	3,5	2,0	1,0	0,25	0,034
„ „ weißstrahlig	2,9	0,85	4,6	0,2	0,05
Anina, grobkörnig	4,0	3,5	1,0	0,1	0,02
„ mittelkörnig	3,5	3,0	1,0	0,1	0,03
„ feinkörnig	3,5	2,0	0,75	0,1	0,05
» No. IV	2,9	1,2	0,5	0,1	0,03
Gießereiroheisen weißstrahlig . . .	2,05	0,8	0,5	0,1	0,1
„ „ . . .	3,05	0,4	0,75	0,1	0,1

5. Roheisensorten der vormals österreichisch-ung. Monarchie.

	Kohlenstoff %	Silizium %	Mangan %	Phosphor %	Schwefel %
Konkordia grau	3,09	2,6	0,79	0,1	0,043
Ia Holzkohlenroheisen grau	3,2	3,25	1,16	0,09	0,06
Vayda Hunyadakoksroheisen grau	3,02	4,36	3,18	0,07	0,04
„ „ Holzkohlenroheisen grau	3,18	3,0	2,3	0,2	0,06
Bosnische Holzkohlenroheisen grau	3,8	2,6	2,4	0,08	0,02
Csetnecker Ia Holzkohlenroheisen	3,0	3,0	2,6	0,06	0,03
„ „ „ grau	3,2	3,07	3,57	0,13	0,025
Dernler Holzkohlenroheisen grau	3,29	1,68	1,47	0,1	0,09
Ersebeter Holzkohlenroheisen grau	2,9	2,5	2,7	0,04	0,01
Hefter Holzkohlenroheisen grau	2,8	3,5	3,7	0,1	0,02
Theißholzer „ „	2,6	3,14	0,9	0,06	0,045
Turacher „ „	3,55	2,28	1,83	Spur	Spur
Vordernberger „ „	3,30	0,2	0,6	0,06	0,03
Holzkohlenroheisen weiß	3,80	0,3	1,9	0,09	0,04
Trzynietzer (Teschner) I	3,6÷4,2	2,2÷3,0	0,8÷1,5	0,15÷0,2	0,02
„ „ III	3,3÷4,0	1,5÷2,5	0,8÷1,5	0,3÷0,6	0,05÷0,08
Servola Hämatit	3,5÷4,0	2,5÷3,5	0,8÷1,0	0,08÷0,1	0,03÷0,05
„ Gießerei I	3,7÷4,2	2,7÷3,3	1,2÷1,4	0,15÷0,2	0,04
„ „ III	3,4÷4,0	1,9÷2,8	1,2÷1,4	0,15÷0,2	0,06

F. Die Eisenlegierungen und Zusatzmetalle.

1. Das Siliziumeisen (FeSi), das Manganeisen (FeMn) und die Eisenmangansilizium-Legierung (Silicomangan) werden als Kohlungs- und Desoxydationsmittel bei der Stahlherstellung verwendet. In der Eisengießerei werden sie hauptsächlich als Zusatz in den Eisenmischungen für Sonderguß gebraucht, um die Gehalte der Eisensätze zu erhöhen.

Für die Siliziumanreicherung kommt neben den siliziumreicheren Hämatitroheisen das ebenfalls im Hochofen gewonnene Siliziumeisen und das im Elektroofen erzeugte Ferrosilizium in Frage. Das Hochofensiliziumeisen, mit etwa 10÷15% Silizium, wird wie das gewöhnliche Roheisen in der erforderlichen Menge dem Eisensatz im Schmelzofen beigegeben. Angenommen, das Siliziumeisen enthält etwa 10% Si, so wird bei einem Eisensatz von 500 kg ein Zusatz von 5%, also 25 kg, in der Regel genügen, um den Siliziumgehalt des zu erschmelzenden Gußeisens rechnerisch um etwa 2,5 kg, d. h. um 0,5% des Eisensatzes zu erhöhen. Der Si-Gehalt des Siliziumeisens schwankt stark, auch macht sich ein höherer Schwefelgehalt, bis zu 0,25% und mehr, oft unangenehm bemerkbar.

Das im Elektroofen hergestellte Siliziumeisen, das bis 25% Silizium enthält, kommt meist in Brocken in den Handel. Auch in diesem schwankt der Si-Gehalt von 12÷25%, bei etwa 0,30÷0,60% Schwefel.

Durch Versuche ist festgestellt worden, daß der Abbrand an Silizium im Sondereisen nahezu dem Abbrand im normalen Roheisen, mit etwa 15÷20% entspricht. Nach Angaben von Osann ist der Schmelzverlust höher und beträgt bis 30%. Das Siliziumeisen wird nur in wenigen Hochofenwerken hergestellt. Infolgedessen ist die Beschaffung mitunter schwierig. Größere Gießereien, die dauernd Siliziumroheisen brauchen, schützen sich daher, indem sie als Ersatz die bekannten Si-Formlinge auf Lager halten.

In diesen Si-Formlingen, über die im nächsten Abschnitt noch einiges zu sagen ist, wird nur hochwertiges Ferrosilizium mit 45÷70% Si-Gehalt, aus dem Elektroofen, verwendet. Dieses Ferrosilizium kommt mit einem Si-

Gehalt von 45÷90% in den Handel. Es hat den Vorzug einer weitgehenden Reinheit bei gleichmäßiger Zusammensetzung. Die Versuche, das rohe Ferrosilizium im Gießereischachtofen zu verarbeiten, scheitern infolge der großen Schmelzverluste, so daß von einer Wirtschaftlichkeit dieses Zusatzes im Schachtofen nicht gesprochen werden kann. Andererseits wird in einigen Gießereien das hochwertige Ferrosilizium stark zerkleinert in die Gießpfanne gegeben, doch zeigt sich auch hier, daß die Auflösung im Eisenbade, selbst wenn das Eisen stark überhitzt erschmolzen wurde, nicht vollständig vor sich geht; es sind Verluste bis 50% festgestellt.

Das Spiegeleisen oder Manganeisen mit etwa 10% Mangangehalt, sowie das Ferromangan mit 30÷80% Mangangehalt wird in der Eisengießerei zur Erhöhung des Mangangehaltes in bestimmten Eisensätzen angewendet. Bei höherem Phosphorgehalt ist Vorsicht geboten, denn ein Übermaß von Mangan bringt unerwünschte Sprödigkeit im Gußstück und auch weißes Gefüge. Bei Eisenmischungen mit viel Gußbrucheisenzusatz und Stahlschrott ist ein Zusatz von Mangan unbedingt notwendig, da er gleichzeitig die Schwefelanreicherung behindert und die Desoxydation ermöglicht.

In ähnlicher Weise wird auch Ferrophosphor, mit etwa 12% Phosphorgehalt, als Zusatz bei Phosphormangel im Roheisen verwendet, dadurch wird in vielen Fällen das Luxemburger Roheisen entbehrlich.

Die Verbindungen des Eisens mit Mangan und Silizium, Silicospiegel genannt, werden im Hochofen wie im Elektroofen hergestellt. Die Verbindung ist ein Zwischenglied zwischen dem Ferrosilizium und dem Ferromangan. Das Hochofenerzeugnis enthält in der Regel

20% Mangan
10÷12% Silizium
0,18% Phosphor
0,01% Schwefel
1,5÷2,5% Kohlenstoff.

Das im Elektroofen hergestellte Silicospiegeleisen ist wesentlich reiner; es enthält bis 70% und mehr Mangan und daneben bis 25% Silizium.

Ferrophosphor und Phosphormangan finden in der Eisengießerei weniger Verwendung. Es sei noch auf die Versuche von Schultz-Hamborn (Gießerei-Zeitung 1920) mit Phosphorspiegel verwiesen. Dieses Zwischeneisen wird von der Georgsmarienhütte geliefert; es zeigt nach zwei Analysen folgende Zusammensetzung;

Kohlenstoff %	Silizium %	Mangan %	Phosphor %	Schwefel %
2,00	0,84	6,06	10,10	0,013
1,52	0,23	4,91	10,06	0,012

2. Die Si-, Mn- und P-Formlinge (EK-Pakete). Um die wirtschaftliche Verwendung der Eisenlegierungen: Ferrosilizium, Ferromangan und Ferrophosphor im Gießereischachtofen zu sichern, kam die Maschinenfabrik Eßlingen auf eine sehr einfache praktische Lösung. Sie ging von dem Gedanken aus, diese Schmelzzusätze im Schachtofen gegen die oxydierende Wirkung der Gebläseluft und der aufsteigenden Verbrennungsgase dadurch zu schützen, daß die auf eine bestimmte Körnung zerkleinerten Stoffe unter Benutzung eines geeigneten Bindemittels, des Kalkzements, als feste steinharte Formlinge, zugleich mit dem Eisensatz in den jeweils der Eisenmischung angepaßten Menge in den Ofen gebracht werden. Die Formlinge erwärmen sich auf dem Wege von der Gichtöffnung bis in die Schmelzzone, bis sie in der letzteren auf die Schmelztemperatur des Bindemittels selbst kommen. Dort löst sich das Metall und wird von dem herabtropfenden Eisen aufgenommen, während das Bindemittel in die Schlacke geht. (Fig. 1 bis 3.)

Es ist bei Verwendung dieser Formlinge ebenso wie beim Sonderroheisen notwendig, daß der Schmelzer oder Gießermeister der Beschickung des Ofens

Fig. 1. Si-Formlinge.

Fig. 2. Mn-Formlinge.

eine genügende Sorgfalt widmet, da sonst die Auswertung und damit die Wirtschaftlichkeit des Zusatzes in Frage gestellt sein kann. Deshalb sind auch Analysen und Bearbeitungsproben unerläßlich. Die von der Maschinenfabrik Eßlingen und der Allgemeinen Brikettierungsgesellschaft Dr. Schumacher & Co., Berlin, herausgegebenen Leitsätze für den Schmelzbetrieb enthalten wichtige Winke, die nicht nur für die Verwendung der Formlinge von großer Bedeutung sind.

Nachdem die genannten Formlinge seit Jahren in den Gießereien Eingang gefunden haben und durch genaue Beobachtungen bestätigt wurde, daß die Verwendung der Eisenlegierungen in dieser Weise wirtschaftlich am günstigsten ist, dürfte es im Interesse der Allgemeinheit liegen, weitere Kreise auf die Vorzüge dieser Formlinge hinzuweisen. Es muß jedoch erwähnt werden, daß die Formlinge in der Hauptsache ein Hilfsmittel für die Anreicherung der Eisenmischung an den fehlenden Stoffen sein sollen. Es ist wohl möglich, bei Roheisenmangel zeitweise den Eisensatz durch die Formlinge entsprechend zu verbessern, aber es soll keine Gewohnheit werden, lediglich mit Brucheisen und Formlingen zu arbeiten. Ferner sei darauf aufmerksam gemacht, daß, wenn auch eine Anreicherung an Silizium die härtende Wirkung eines durch reichliche Brucheisenverwendung entstandenen höheren Schwefelgehaltes teilweise aufhebt, die Festigkeit des Gußeisens nicht allein durch die Erhöhung des Siliziumgehaltes erreicht werden kann. Für die Erhöhung der Festigkeit im Gußeisen muß auch der Kohlenstoff- und Mangangehalt berücksichtigt werden. Der Gießer hat also die Pflicht, von Zeit zu Zeit das erschmolzene Gußeisen auf Zusammensetzung und Festigkeit zu prüfen, so daß die Mängel entsprechend der Art der Gußstücke und der an sie gestellten Ansprüche beseitigt werden können.

Fig. 3. P-Formlinge.

3. Sonstige Zusatzmetalle. a) Aluminium und Ferroaluminium. Aluminium wird in der Gießerei ebenfalls als Desoxydationsmittel gebraucht, es genügt ein Zusatz von 0,2÷0,5%. Größere Anteile wirken ungünstig. Eine mit Aluminium versetzte Gußeisenschmelze, die überschüssiges Aluminium enthält, darf nur in getrocknete, aber nicht in nasse Formen gegossen werden, weil das flüssige Aluminium das im Formsande enthaltene Wasser zersetzt. Der Sauerstoff des Wassers bildet mit dem Aluminium Aluminiumoxyd, während der ebenfalls frei werdende Wasserstoff das Gußeisen in Form von Blasen durchsetzt, die die Gußstücke unbrauchbar machen. Die Kanten derartiger Gußstücke werden oft weiß. Bei genügend heiß erschmolzenem Gußeisen ist ein Zusatz von Aluminium unnötig, wenn auch bei solchem Gußeisen mitunter eine Eisenreinigung (Desoxydation) notwendig erscheint.

b) Ferrotitan. Auch das Ferrotitan gilt als Desoxydationsmittel und als Mittel zur Bindung des Stickstoffes im Eisen. Die Ansichten über die Wirksamkeit des Titanzusatzes im Gußeisen sind noch geteilt. Versuche von Treuheit lassen keine besonderen praktisch verwertbaren Erfolge weder in hoch- oder niedrighaltiger Legierung, noch als Titanthermit erkennen. Die Versuche werden fortgesetzt.

c) Nickel und Ferronickel. Ein Zusatz von Nickel macht Gußeisen gegen chemische Angriffe basischer Stoffe (z. B. für Sodaschmelzkessel) widerstandsfähiger. Nickel wird in Form von Nickelthermit der flüssigen Gußeisenschmelze zugesetzt. Ferronickel enthält 25÷75% Reinnickel, und außerdem geringe Mengen von Kohlenstoff, Silizium, Mangan, Phosphor und Schwefel.

d) Ferrochrom. Auch das Ferrochrom, das als Begleiter des Eisens in einigen Erzen mit Nickel in das Roheisen kommt, findet zur Veredelung des Gußeisens in letzter Zeit Verwendung. Nach Berichten von Dr. Moldenke hat das Mayariroheisen mit etwa 1,2% Nickel und 2,4% Chrom in bezug auf Dichte und Festigkeit, ganz hervorragende Eigenschaften, so daß dieses Sondereisen für höchst beanspruchte Gießereierzeugnisse Verwendung finden kann.

Die Bethlehem-Stahl-Co. gibt für dieses Eisen folgende Zahlen:

3,80÷4,50%	Kohlenstoff	0,10%	Phosphor	1,60÷2,50%	Chrom
0,25÷2,25%	Silizium	0,05%	Schwefel	0,10÷0,20%	Titan
0,60÷2,00%	Mangan	0,80÷1,25%	Nickel	0,05÷0,08%	Vanadium

e) Verschiedene Metalle. Außer den vorgenannten Metallen finden auch Cerium, Kalzium, Magnesium, Siliziumkalzium, Magnesiumkalzium und Natrium als gelegentliche Zusätze zur Erzielung eines dichten Gusses Verwendung. Die Stoffe sind meist in Brikettform im Handel. Erwähnt sei das in letzter Zeit bekanntgewordene Walter'sche Entschwefelungsbrikett, ferner die Desoxydations- und Legierungsbriketts, sowie die Fermatitblöcke. Da diese Mittel in der Gießpfanne Anwendung finden, soll über die Erfolge in einem besonderem Abschnitt „Entschwefelungsverfahren" berichtet werden.

G. Gußbrucheisen, Gußeisenspäne und Stahlschrott.

1. Gußbrucheisen. Für Gußbrucheisen Analysen als Normalwerte aufzustellen, ist unmöglich, denn die Unterschiede in diesem Alteisen sind zu groß. Doch die Gießereien dürfen nicht versäumen, wenn Gußbrucheisen als gewöhnliche, handelsübliche Ware geliefert wird, während des Abladens die Sorten nach Güte zu trennen. Diese Mühe macht sich in der besseren Ausnutzung des Alteisens in den Eisenmischungen (Gattierung) reichlich bezahlt.

Im Handel mit Gußbrucheisen werden folgende Sorten unterschieden:

Kokillenbruch (Blockformen)	Topf- und Ofengußbruch
Maschinengußbruch	Hartbruch
Handelsüblicher Gußbruch	Roststäbe und Brandeisen.

Der Kokillengußbruch ist in der Regel hochwertig, ähnlich dem Hämatitroheisen. Er wird der Zusammensetzung nach oft wie dieses als Ersatz für Roheisen in der Eisenmischung verwendet. Eine gewisse Vorsicht ist allerdings am Platze.

Der Maschinengußbruch soll nur aus Maschinengußteilen bestehen. Mitunter wird noch „prima" Maschinengußbruch (Ia) unterschieden, der in der Hauptsache aus Zylinderbrucheisen und ähnlichen hochwertigen Maschinenbruchstücken besteht.

Handelsüblicher Gußbruch ist ein Gemisch aus Maschinenbruchteilen und Baugußteilen, Röhren usw. In diesem Brucheisen darf aber die minderwertige Sorte Topf- und Ofenguß sowie Brandeisen und Stahlschrott (Schmiedeeisen) nicht enthalten sein.

Topf- und Ofenbrucheisen besteht meist aus dünnwandigen Stücken, die einen hohen Silizium- und Phosphorgehalt besitzen. Es wird in der Gießerei oft übersehen, daß dieses Brucheisen beim Einschmelzen einen hohen Schmelzverlust ergibt, so daß oft der geringere Preis durch den Verlust an Abbrand ausgeglichen wird. Brandeisen, sowie emaillierte Gußteile, dürfen in diesen Lieferungen nicht enthalten sein.

Der Hartbruch besteht in der Regel aus alten Walzen, Hartgußstücken verschiedener Art. Dieses Brucheisen wird dementsprechend auch meist wieder zu Hartgußzwecken verwendet.

Roststäbe und Brandeisen. Verbranntes Gußeisen eignet sich wenig für den Gießereibetrieb, dieser Abfall gehört in den Hochofen. Auch minderwertige Flußeisen- und Stahlabfälle aller Art sind im Gußbrucheisen zu vermeiden; das gilt besonders für Nieten, Nägel, Formerstifte usw.

Ofenrecht zerschlagenes Gußbrucheisen wird höher bewertet als grobstückige Teile; denn letztere müssen vor dem Einbringen im Schachtofen oft erst mit großen Kosten unter dem Fallwerk zerkleinert werden. Im Alteisenhandel ist es üblich, daß ein Käufer, der die Annahme eines Waggons Brucheisen verweigert, über diesen in der Regel nicht weiter verfügt. Wenn er aber ohne Verständigung mit dem Verkäufer den Waggon übernimmt, so begibt er sich nach überwiegender Auffassung der in Frage kommenden Handelskreise seiner Ansprüche auf Schadenersatz, Wandlung und Minderung.

2. Gußeisenspäne. Diese Späne und ebenso das beim Entleeren des Schmelzofens zurückgewonnene Abfalleisen, wozu auch die Rückstände aus der Sandaufbereitung und das sogenannte Wascheisen gehören, sind auch zum Schrott oder Alteisen zu rechnen. Von vielen Maschinenfabriken und Gießereien werden diese Abfälle an den Händler verkauft. Die Gußeisenspäne werden, wenn sie nicht in der chemischen Industrie zur Verarbeitung gelangen, brikettiert und ähnlich wie Brucheisen oder Sondereisen im Schmelzofen zugesetzt. In dem Abschnitt „Eisenmischungen" soll noch einiges über die Verwendung der Gußspäneblöcke gesagt werden (s. auch Fig. 12 u. 13).

Das sonstige Abfalleisen in der Gießerei wird zweckmäßig am Ende der Schmelzung in den Ofen gesetzt und in besonderen Masseln vergossen. Bei weniger wichtigen Gußeisensorten, wie z. B. Bauplatten und ähnlichen Teilen, kann dieses Abfalleisen, auch wenn es einen höheren Schwefelgehalt besitzt, beste Verwendung finden.

3. Analysen von Gußbrucheisen. In der nachstehenden Zusammenstellung, die dem Handbuch der Eisengießerei von Geiger (Verlag Julius Springer) entnommen ist, sind die Analysen einiger Gußeisenbruchteile verschiedener Art wiedergegeben:

Analysen von Gußbrucheisen:

Bezeichnung	Kohlenstoff %	Silizium %	Mangan %	Phosphor %	Schwefel %	Arsen und Kupfer %
Hämatitbrucheisen	3,84	2,24	1,00	0,10	0,042	—
„	3,39	1,46	0,84	0,12	0,124	—
„	3,50	1,30	0, 2	0,16	0,085	—
Kokillenbrucheisen	3.20	2,40	0,40	0,12	0,090	—
„	3,54	1,69	0,80	0,20	0,090	—
„	3,60	1,49	0,94	0,11	0,082	—
Dampfzylinder	3,58	2,23	0,65	1,10	0,111	—
„	3,46	2,00	0,42	0,27	0,174	—
„	3,47	1,57	0,51	0,59	0,124	—
„ für Schiffsmaschinen	3,34	1,13	0,81	0,57	0,120	—
„ „ „	—	1,00	0,53	0,44	0,080	—
Lokomotivzylinder	3,43	1,25	0,60	0.97	0,165	—
„	3,43	1,09	0,94	0,78	0,134	—
„	3,36	1,07	0,69	0,82	0,110	—
Gasmotorenzylinder	—	1,03	1,03	0,33	0,074	—
„	3,54	0,99	0,98	0,22	0,082	—
„	3,47	0,71	—	0,69	0,157	—
Automobilzylinder (französisch)	3,47	2,45	0,40	0,72	0,102	—
„ (englisch)	—	2,73	0,41	1,14	0,083	—
„ (Vereinigte Staaten)	3,04	2,55	0,32	0,32	0,100	—
„ „ „	3,91	1,67	0,82	0,44	0,068	—
„ (Mercedes)	3,36	2,29	0,60	0,83	0,090	—
Schieberkasten z. einer Walzenzugmaschine	—	2,02	0,69	0,90	0,134	—
„ „ „ „	—	1,45	0,50	0,71	0,119	—
Ventilkopf einer Zweitaktgasmaschine	—	1,15	0,59	0,10	0,095	—
Kolben für eine große Schmiedepresse 12000 kg	—	2,59	0,67	1.53	0,088	—
Gasmotorenrahmen	—	1,15	0,71	0,57	0,070	—
Bajonettrahmen z. einer Walzenzugmaschine	—	1,31	0,87	0,65	0,089	—
Walzenständer	3,07	1,18	0,73	0,33	0,083	—
Lochmaschinenständer	—	1,27	0,78	0,18	0,056	—
Schwungrad	—	1,44	0,96	0,46	0,096	—
Magnetrad	—	1,18	1,01	0,45	0,088	—
Planscheibe (Belgien)	3,12	3,03	0,60	1,64	0,04[illegible]	As 0,06
Plunger für hydraulische Presse	3,13	0,58	0,[illegible]8	0,57	0,104	—
Tisch für hydraulische Presse	3,19	0,60	0,60	0,60	0,141	—
Hartgußwalze	2,07	0,36	0,80	0,32	0,097	Cu 0,104
„	2,03	0,49	0,54	0,37	0,063	„ 0,080
„	2,24	0,69	1,73	0,63	0,041	„ 0,140
„ (Trio-Fertigwalze)	2,59	0,72	1,36	0,56	0,051	„ 1,112
Kupplung	3,16	1,73	0,44	0,14	0,082	„ 0,040
Maschinenbruch, Mischung	3,31	1,93	0.60	0,71	0,070	—
„ „	3,36	1,55	0,62	0,60	0,080	—
Tempertöpfe, geglüht	0,10	1,70	0 68	0,37	0,781	—
„ „	0,28	1,45	0,56	0,06	0,315	—
Gußbriketts (Durchschnittswerte)	3,50	2,32	0,60	0,65	0,110	Cu 0,21
„	3,50	2,21	0,64	0,69	0,108	—
„	3,60	2,51	0,33	0,50	0,105	—

4. Stahl- und Flußeisen-Schrott. Neben den Erzen ist der Schrott, das Alteisen in weitestem Sinne, der wichtigste Schmelzstoff in den Eisenhüttenwerken. Vor dem Weltkriege wurde der Stahlschrott hauptsächlich zur Stahlherstellung neben dem Roheisen als Einsatz im Martinofen und in der Eisengießerei verwendet. Es sind vier Hauptgruppen von Schrott zu unterscheiden:

1. Walzwerksabfälle (beim Hüttenbetriebe entfallen);
2. Eisenbahnschrott (Schienenschwellen usw.);
3. Werk- oder Fabrikschrott (fällt bei der Verarbeitung von Neueisen);
4. Der Sammelschrott oder das sogenannte Alteisen.

Nach der Beschaffenheit des Schrottes ist neben dem frischen Walzwerkschrott und dem Eisenbahnschrott, der Stahlschrott zu unterscheiden, sowie der Kernschrott, das sind ofenrechte Stücke, das Schmelzeisen, die Stahl- und Gußeisenspäne und das bereits im vorhergehenden Abschnitt ausführlich behandelte Gußbrucheisen. Über weitere Einzelheiten, Klasseneinteilung, Gewohnheiten im Schrotthandel usw., berichtet ein sehr bemerkenswertes Buch von Klinger, „Der Schrotthandel und die Schrottverwertung“[1]).

Über die Zusammensetzung von Stahlgußteilen und Stahlschrott verschiedener Art gibt die nachfolgende Zahlentafel Aufschluß:

Analysen von Stahlgußstücken.

Werkstück	Kohlenstoff %	Silizium %	Mangan %	Phosphor %	Schwefel %	Schmelzofen
Exzenterscheiben, Vorwalzen	0,35	0,17	0,82	0,040	0,033	S.-M. basisch
Lokomotivachsbuchsen	0,36	0,25	0,72	0,027	0,05	
Scherenständer	0,38	0,49	0,62	0,085	0,065	S.-M. sauer
Motorguß, Zahnräder	0,39	0,30	0,79	0,015	0,017	
Herzstücke, Matrizen	0,40	0,156	0,60	0,050	0,042	S.-M. basisch
Preßzylinder	0,41	0,32	0,89	0,048	0,036	Birne
Winkelräder	0,43	0,168	0,63	0,055	0,044	S.-M. basisch
Kammwalzen	0,435	0,21	0,71	0,031	0,023	Elektroofen
Geschoßkörper	0,45	0,40	0,55	0,15	0,10	Birne
Mühlgehäuse	0,46	0,24	0,74	0,033	0,046	
Zahnräder, Rollen	0,47	0,48	0,66	0,081	0,050	S.-M. sauer
Kollergangsplatten	0,49	0,21	0,50	0,049	0,027	Tiegel
Ventilkörper	0,49	0,37	0,50	0,079	0,064	S.-M. sauer
Ambosse, Laufringe	0,50	0,41	0,74	0,074	0,054	S.-M. sauer
Brechbacken	0,50	0,21	0,65	0,044	0,045	S.-M. basisch
Zahnräder	0,55	0,36	0,85	0,016	0,018	Birne
Kammwalzen	0,56	0,11	0,84	0,056	0,069	S.-M. basisch
Schneckenräder	0,58	0,37	0,53	0,011	0,018	Tiegel
Ventilteile	0,59	0,25	0,75	0,021	0,022	Elektroofen
Geschoßkörper	0,60	0,30	0,44	0,018	0,08	S.-M. basisch
Zahnräder	0,66	0,25	0,55	0,010	0,018	Elektroofen
Sprenggranaten	0,68-0,75	0,50-0,70	0,60-0,75	0,022	0,019	Tiegel
Kolben für Gasmotoren	0,73	0,10	0,82	0,020	0,014	Elektroofen
Kollergangsteile	0,74	0,25	0,90	0,027	0,014	Birne
Ventile, Kolben	0,81	0,12	1,10	0,026	0,040	S.-M. basisch
Zerkleinerungsplatten f. Kugelmühlen	0,86	0,30	1,10	0,013	0,018	Elektroofen
Hartgußwalzen	1,20	0,27	0,73	0,03	0,02	

Es sei nochmals darauf hingewiesen, daß die Verwendung von verrostetem Stahlschrott, insbesondere von dünnen Blechabfällen, im Gießereischachtofen nicht angebracht ist. Am besten eignen sich Stahlschienenabschnitte bis etwa 300 mm Länge; bei längeren Stücken, besonders von Walzwerkneuschrott, kann leicht ein Hängenbleiben der Schmelzsäule im Ofen eintreten.

[1]) Berlin: Julius Springer. 1924.

III. Der Schmelzkoks und die Zuschläge.

1. Der Schmelzkoks. Einige Worte sollen auch über die Verwendung des Schmelzkoks und seine Beschaffenheit für den Schachtofenbetrieb gesagt werden.

Die allgemeinen Anforderungen an den Schmelzkoks sind: Dichtes Gefüge, helle Farbe, möglichst große Härte und Festigkeit. Oft zeigt schon der helle Klang, daß ein als Schmelzkoks besonders brauchbarer Koks vorliegt. Wenn ein Aufpreis für großstückigen, ausgesuchten Koks gefordert wird, so macht sich dieser sehr bald durch das wesentlich besser und heißer erschmolzene Eisen bezahlt. Der Schwefelgehalt im Koks soll 1 % und der Aschengehalt 10 % nicht übersteigen. Ein mäßiger Wassergehalt im Koks schadet nicht; im Gegenteil schützt er vor vorzeitiger Verbrennung. Beim Einkauf von Koks ist natürlich auf möglichst trockene Ware zu achten, denn niemand will Wasser an Stelle von Koks bezahlen. Der Wassergehalt soll 3 % nicht überschreiten. Es sei besonders betont, daß der Schmelzkoks beim Abladen sorgfältig behandelt werden muß, damit nicht die großen Stücke zerschlagen werden. Die Stückgröße des Gießereikoks soll eine Seitenlänge von 80 ÷ 120 mm zeigen.

Aus Gründen der Wirtschaftlichkeit ist es unbedingt erforderlich, daß der Schmelzbetrieb mit dem Mindestverbrauch an Brennstoff geführt wird. Es ist ein großer Unterschied, ob beim Schmelzen von Roheisen im Schachtofen 7,5 oder 15 % Koks verbraucht werden, ob ein „mattes" oder ob ein „heißes" Eisen mit geringstem Koksverbrauch erschmolzen wird. Die Frage der Koksbeschaffenheit ist deshalb von großer Bedeutung; es besteht die Absicht, neue Vorschriften bezüglich Lieferung von Qualitäts-Schmelzkoks für Gießereien herauszubringen.

2. Die Zuschläge im Schachtofenbetrieb. Das Schmelzen im Schachtofen erfordert einen Zuschlag, der die Aufgabe hat, die Verbrennungsrückstände des Koks sowie die dem Roheisen anhaftenden Sandkörner und Rost in die flüssige Form von Schlacke zu bringen. Die Schlacken aus dem Schachtofen sind im wesentlichen Gemische von Kieselsäure (SiO_2) mit Kalk (CaO), Tonerde (Al_2O_3), Magnesia (MgO), Eisenoxydul (FeO), Manganoxydul (MnO) und Alkali (K_2O, Na_2O). Die Kieselsäure kommt als Hauptbestandteil aus der Koksasche, dem Sand des Schmelzgutes, aus den feuerfesten Steinen des Ofens und schließlich aus der Verbrennung eines Teiles des im gesetzten Eisen enthaltenen Siliziums. Der zweite Hauptbestandteil, das Kalziumoxyd, rührt vom Zuschlag, von dem Kalkstein her, der seiner Zusammensetzung nach noch geringe Mengen von Kieselsäure, Tonerde, Eisenoxydul und Magnesia in die Schlacke führt. Durch das Eisenoxydul wird die Schlacke gefärbt. Der Anteil an Eisenoxydul schwankt sehr; er ist zum großen Teil auf die Verbrennung des Eisens vor den Düsen und auf die Koksasche sowie auf den Rost des Eisens zurückzuführen. Der geringere Gehalt an Manganoxydul kommt aus dem Mangangehalt des Eisens. Der Tonerdegehalt der Schlacken schwankt je nach der Art der Ofenausmauerung. Bei Schamottesteinen ist er höher und bei Dinassteinen niedriger.

Eine wichtige Aufgabe der Schlacke ist die Bindung des im Koks enthaltenen Schwefels als Schwefelkalzium (CaS); die Bindung des Schwefels bleibt aber in engen Grenzen; denn durch zu hohe Zuschlagsmengen an Kalkstein wird das Ofenfutter der Verschlackung ausgesetzt.

Der Kalkstein besteht im wesentlichen aus kohlensaurem Kalk ($CaCO_3$); ferner finden sich darin noch Spuren von kohlensaurer Magnesia ($MgCO_3$).

Es hat sich als zweckmäßig erwiesen, ein Drittel des Kalksteinzusatzes durch Flußspat zu ersetzen. Die Schlacke wird dann dünnflüssiger und neigt weniger dazu, im Ofenschacht Ansätze zu bilden und das Schlackenloch zu verstopfen. Ein Angriff des Flußspates auf das Ofenfutter tritt erst in die Erscheinung, wenn die Flußspatmenge größer ist als die Menge des zugesetzten Kalksteins. Über weitere Einzelheiten in der Verwendung des Flußspats sei auf die diesbezüglichen Berichte in den Fachzeitschriften verwiesen.

IV. Die Gießereierzeugnisse in ihrer Einteilung nach dem Werkstoff.

Von Gießereierzeugnissen gibt es vier Hauptgruppen:

Gußeisen,
Temperguß (schmiedbarer Guß),
Stahlguß (Stahlformguß),
Nichteisenmetallguß.

Nach den Vorschlägen des Werkstoffausschusses im Normenausschuß der deutschen Industrie sind für diese Gruppen folgende Begriffsbestimmungen festgelegt worden:

1. Gußeisen. Es wird aus Roheisen allein oder mit Brucheisen, Stahlabfällen und anderen Schmelzzusätzen erschmolzen und in Formen gegossen, jedoch keiner Nachbehandlung zwecks Schmiedbarmachung unterworfen. Je nach der Menge des ausgeschiedenen Graphits ist zu unterscheiden:

a) graues Gußeisen (Grauguß mit reichlicher Graphitausscheidung),
b) halbgraues Gußeisen mit geringer Graphitausscheidung,
c) weißes Gußeisen, ohne oder nur mit Spuren von Graphitausscheidung,
d) Schalengußeisen mit weißer Außenzone und grauem Kern.

2. Temperguß (schmiedbarer Guß)[1]). Temperguß wird, wie Gußeisen, jedoch aus weißem Roheisen gegossen, aber nachher durch Ausglühen mit einem geeigneten Mittel gefrischt oder schmiedbar gemacht.

3. Stahlguß (Stahlformguß). Stahlguß wird aus Stahl aus dem Tiegel-, Martin-, Elektroofen oder aus der Birne hergestellt. Der Werkstoff ist ohne weitere Behandlung schmiedbar. Gußstücke, die durch nachherige Behandlung im Temperofen stahl- oder flußeisenähnliche Eigenschaften erlangen sollen, sind nicht als Stahlguß oder Stahlformguß zu bezeichnen[1]).

4. Nichteisenmetallguß und nichteisenhaltige Legierungen. Nichteisenmetallguß wird aus Kupfer, Zinn, Zink, Aluminium, Blei usw., sowie deren Legierungen hergestellt.

In den nachstehenden Ausführungen sollen lediglich die Erzeugnisse aus Gußeisen unter Berücksichtigung der Schmelzung im einfachen Gießereischachtofen mit und ohne Vorherd (Eisensammler) behandelt werden.

V. Die Eisenmischungen (Gattierungen).

A. Der Einfluß der Eisenbegleiter.

Um die Eisenmischung (Gattierung) für den Schmelzofen richtig einstellen zu können, ist es notwendig, daß der Gießer weiß, welchen Anforderungen die Gußstücke zu entsprechen haben. Er muß die Schmelzvorgänge im Ofen be-

[1]) Bezeichnungen, die die Art und Herstellung von Gießereierzeugnissen nicht erkennen lassen, z. B. Halbstahl, Stahleisen, Temperstahlguß, Glockenstahl, Klangstahl, Hartstahl und ähnliche, sind irreführend und deshalb nicht zulässig. Der Normenausschuß der deutschen Industrie hat auf Grund der Beratungen im Fachausschuß für Benennungen der Gießereierzeugnisse beschlossen, auf die Beseitigung der Mißbräuche hinzuwirken.

urteilen können, damit er die mitunter recht erheblichen Veränderungen des Eisensatzes im Ofengang genügend berücksichtigt. Der Gießer muß also die Einflüsse der Eisenbegleiter auf das Gußeisen genau beachten.

Die wichtigsten Eisenbegleiter sind: Kohlenstoff, Silizium, Mangan, Phosphor, Schwefel und Kupfer.

1. **Kohlenstoff (C).** Er kommt, wie bereits Seite 3 erwähnt, im Eisen

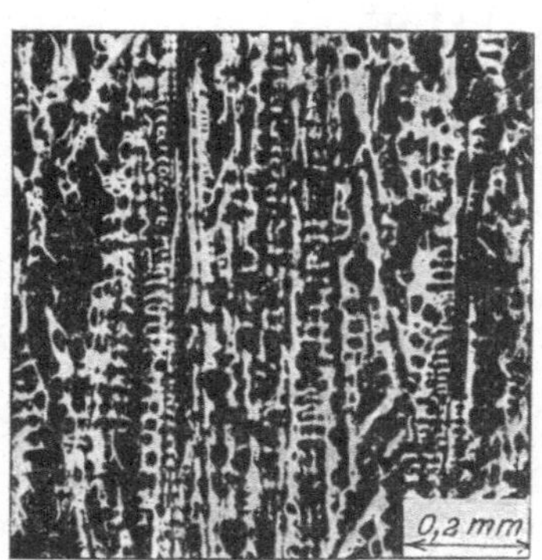

Fig. 4. Kleingefüge von weißem Roheisen.

Fig. 5. Hartgußeisen.

in chemischer Bindung als Eisenkarbid (Fe_3C) vor und elementar als Graphit oder — in geglühtem Guß — als Temperkohle.

Das Eisenkarbid, oder wie der Praktiker gern sagt „die gebundene Kohle", enthält im flüssigen Eisen allen Kohlenstoff in sich und ist im übrigen Eisen gelöst. Im erstarrten und erkalteten Eisen ist das Eisenkarbid dagegen nicht mehr gelöst, sondern frei, und zwar entweder als reines unvermengtes Karbid (in Stückchen oder mehr oder minder zusammenhängenden Adern) oder in einem feinen Gemenge mit einem weiteren Teil des Eisens, in dem sich dünne Schichten aus Karbid und Eisen abwechseln. Dieses Gemenge, das stets 0,9 % Kohlenstoff enthält, erscheint im Gefügebild gestreift.

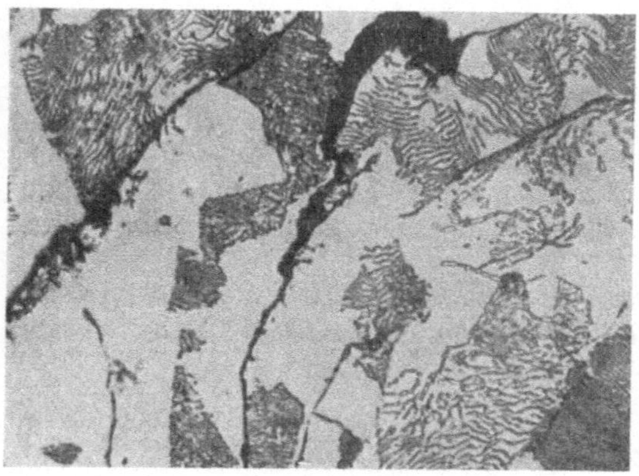

Fig. 6. Kleingefüge von sehr weichem Grauguß.

In der Metallographie hat das reine Eisen die Bezeichnung: „Ferrit" erhalten, das freie, reine Karbid die Bezeichnung: „Zementit" und das feine Gemenge aus Karbid mit Eisen: „Perlit". Von diesen Gefügebestandteilen ist Ferrit am weichsten, Zementit am härtesten.

Im weißen Roh- bzw. Gußeisen, das aus der flüssigen, hochgekohlten Eisenschmelze immer entsteht, wenn nicht besondere Bedingungen dagegen wirken, ist aller Kohlenstoff als Zementit und Perlit vorhanden und das Eisen infolgedessen so hart und spröde, daß es im allgemeinen für den Maschinenbau usw. nicht in Frage kommt. Fig. 4 zeigt dieses Gefüge in 350facher Vergrößerung. Die hellen Adern sind Zementit, die dunklen Flecke Perlit.

Dieses selbe Gefüge bildet sich auch bei Hartguß in der äußeren Schicht, da sie durch die gute Wärmeleitung der Kokillenwand schnell abkühlt. Im Kern dagegen entsteht durch die langsame Abkühlung weniger Zementit oder neben Perlit gar Graphit. Fig. 5 zeigt deutlich den Unterschied zwischen der harten Weißguß**schale** und dem weicheren Grauguß**kern**.

Im grauen Roh- und Gußeisen, das man durch gewisse Zusätze (Silizium) und langsames Abkühlen erhält, ist dagegen neben Perlit (und auch wohl geringen Mengen von Zementit) ein erheblicher Teil des Kohlenstoffes als Graphit ausgeschieden. Zugleich zeigt sich auch Ferrit, da der Graphit durch Zerfall des Karbides in Ferrit und Graphit entsteht.

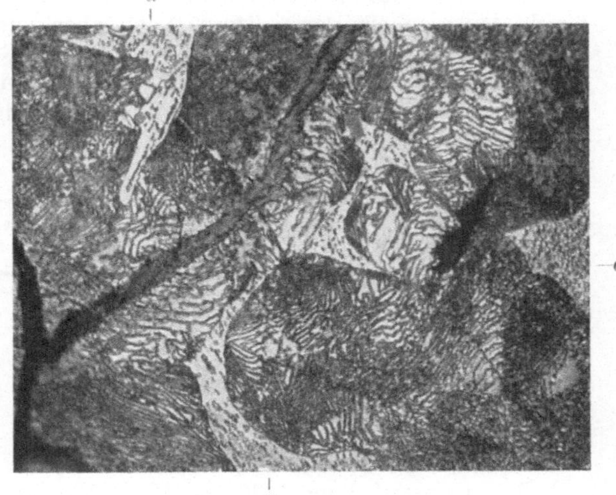

Fig. 7. Kleingefüge von hochwertigem Grauguß.

Demgemäß besteht das Gefüge des gewöhnlichen grauen Gußeisens im allgemeinen aus Ferrit, Graphit und Perlit, wozu meist noch größere Mengen von Eisen-Phosphor-Eutektikum (Phosphid-Eutektikum) kommen. Derartiges Gußeisen nennt man wohl „ferritisches“ Gußeisen. Es ist um so weicher, je mehr Ferrit und Graphit es enthält. Während der gewöhnliche Grauguß immer erhebliche Mengen von Ferrit enthält, zeigt der hochwertige Guß oft nur sehr geringe. Fig. 6 zeigt das Kleingefüge von stark ferritischem, also sehr weichen, Grauguß: die hellen Flächen sind Ferrit, die schwarzen Graphit, die gestreiften Perlit. Fig. 7 stellt demgegenüber das Kleingefüge von hochwertigem Guß dar mit sehr wenig Ferrit, viel Perlit (weniger deutlich gestreift), Graphit (die dunklen Adern) und reichlich Phosphid-Eutektikum (die mit *a* bezeichneten, gesprenkelten Flächen). Beide Bilder in 500facher Vergrößerung. Durch reichlichen Siliziumgehalt und besondere Leitung der Abkühlung kann man es erreichen, daß aller Zementit (auch der des Perlits) zu Graphit zerfällt, so daß das Gußeisen schließlich nur aus Ferrit und Graphit besteht. Abgesehen von Sonderzwecken ist solcher Guß aber zu weich, überhaupt zu wenig widerstandsfähig.

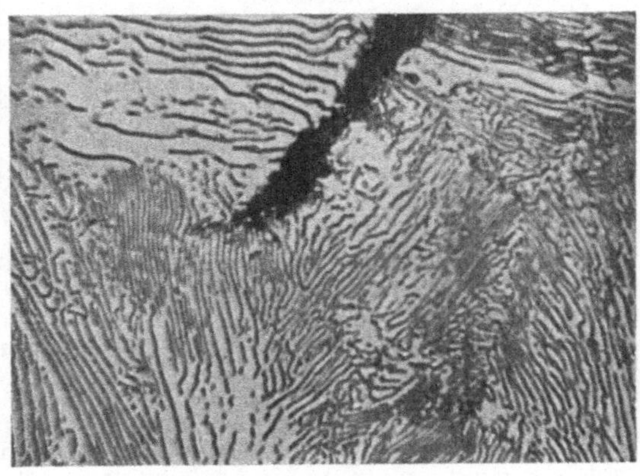

Fig. 8. Kleingefüge von perlitischem Grauguß.

Andrerseits kann man es auch erreichen, daß alles Eisen mit einem Teil des Kohlenstoffs sich zu Perlit vereinigt, so daß gar kein Ferrit im Guß enthalten ist, sondern neben Perlit nur Graphit und Phosphid-Eutektikum. Solches

Eisen, das vorzügliche Eigenschaften hat, nennt man wohl „perlitisches“ Eisen oder Perlitguß. Fig. 8 zeigt sein Kleingefüge in 500 facher Vergrößerung. Hochwertiger Guß mag auch bisher schon oft solch reines Perlit-Gefüge gehabt haben; neuerdings wird es planmäßig erzeugt (s. auch unter: 2. Silizium).

2. **Silizium** (Si) fördert die Kohlenstoffausscheidung in Form von Graphit, so daß ein graues, weiches Gußeisen entsteht. Die Bildung von grauem Eisen durch Anwesenheit von Silizium geht aber zurück, sobald der Si-Gehalt 3 % übersteigt. Von diesem Gehalt ab wird das Gußeisen wieder härter und bei höherem Si-Gehalt sogar weiß. Die nachstehende Zahlentafel, aus den Versuchen von Wüst und Petersen (1906) zeigt die Wirkung verschiedener Siliziumgehalte auf den Kohlenstoff bei einem mangan-, phosphor-, schwefel- und kupferarmen Gußeisen:

Silizium %	Gesamt-Kohlenstoff %	Graphit %	Graphit in % des Gesamt-Kohlenstoffs
0,13	4,29	1,47	33,3
1,14	3,95	2,69	68
2,07	3,79	3,25	85,8
3,25	4 41	3,33	97,6
5,06	2,86	2,59	90,5
13,54	1,94	1,45	74,7
18,76	1,19	1,05	88,2

Bei einem Siliziumgehalt von 12÷13 % ist das Gußeisen noch drehbar, jedoch nicht mehr zu bohren (säurebeständiger Guß). Ein erheblich geringerer Siliziumgehalt als 3 % vermindert die Ausscheidung des graphitischen Kohlenstoffes, das Gußeisen wird härter und schließlich weiß. Der Grad der Härte richtet sich nach der Schnelligkeit der Abkühlung des Gußstückes; langsame Abkühlung begünstigt, schnelle Abkühlung erschwert die Graphitausscheidung. Da dünnwandige Stücke schneller abkühlen, benötigen sie einen höheren Siliziumgehalt als starkwandige Stücke. Die richtige Anpassung des Si-Gehaltes ist die Hauptsache bei der Berechnung der Eisenmischung. Ein nennenswert höherer Gehalt als 3 % Silizium ist bei dünnwandigem Maschinenguß nicht notwendig, abgesehen bei Sonderguß, z. B. säurebeständiger Guß, oder Guß für die Elektrotechnik, der besondere magnetische Eigenschaften besitzen soll. Thermisilidguß wird mit einem Siliziumgehalt bis 20 % hergestellt.

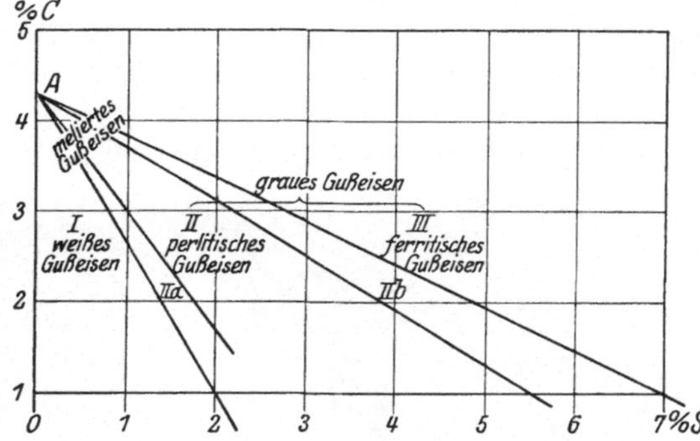

Fig. 9. Strukturdiagramm des Gußeisens in Abhängigkeit von C und Si.

Neuerdings hat Maurer (Krupp-Nachrichten, Juli 1924) ein Diagramm (Fig. 9) veröffentlicht, aus dem man den Gehalt an Silizium entnehmen kann, der unter gewöhnlichen Umständen (d. h. wenn die Abkühlung nicht außerordentlich rasch erfolgt) nötig ist, um bei einem bestimmten Kohlenstoffgehalt entweder weißes oder perlitisches oder ferritisches Gußeisen zu bekommen. Auf der wagerechten Achse ist der Siliziumgehalt aufgetragen, auf der senkrechten der Kohlenstoffgehalt. Die Felder, die durch die von *A* ausgehenden Strahlen gebildet werden, geben die Bestandsgebiete der einzelnen Sorten an. Feld I ist das Gebiet des weißen Gußeisens, Feld II das des perlitischen, Feld III das des ferritischen, während IIa und IIb Übergangsgebiete darstellen. Demnach muß z. B. bei einem Kohlenstoffgehalt von 3% der Siliziumgehalt weniger als 0,8% betragen, wenn man weißes Gußeisen haben will, zwischen 1 und 2,2% für perlitisches und mehr als 2,8% für ferritisches Gußeisen.

3. Mangan (Mn). Das Mangan erschwert die Graphitbildung; es wirkt zwar günstig auf die Anreicherung von Kohlenstoff, hindert diesen aber, sich in graphitischer Form auszuscheiden, wodurch Weißeisen und hartes Gußeisen entsteht. Mangan übt also den entgegengesetzten Einfluß aus wie Silizium; außerdem vermehrt ein Mangangehalt über 0,8% die Schwindung des Gußeisens.

Bei hohem Phosphorgehalt darf der Mangangehalt in der Regel 0,7% nicht übersteigen, da sonst die Festigkeit des Gußeisens zurückgeht. Im Zylindergußeisen ist ein Mangangehalt bis 1,2% gestattet. Das Mangan gibt dem Gußeisen erhöhte Festigkeitseigenschaften, es wirkt gleichzeitig dem ungünstigen Einfluß des Schwefels entgegen.

4. Phosphor (P). Der Phosphor begünstigt ebenfalls die Graphitbildung und erhöht vor allem die Dünnflüssigkeit des Gußeisens. Ein Phosphorgehalt über 1% ist bei der Herstellung von dünnwandigen Gußstücken, Röhren-, Topf- und Ofenguß Bedingung. In bezug auf die Festigkeit des Gußeisens ist ein Phosphorgehalt bis etwa 0,7% ohne Bedenken; handelt es sich aber um starkbeanspruchte Gußteile, die größeren Spannungen ausgesetzt sind, dann ist ein höherer Phosphorgehalt zu vermeiden. Bei Walzenguß oder Zylinderguß soll der Phosphorgehalt etwa 0,4% nicht übersteigen. Gußstücke, die starkem Temperaturwechsel ausgesetzt sind (z. B. Blockformen), müssen möglichst geringen Phosphorgehalt zeigen. Der Phosphorgehalt vermindert die Lunkerbildung bei Gußstücken mit ungünstigen Übergängen in den Wandstärken, deshalb ist auch im Zylinderguß sehr oft ein höherer Phosphorgehalt, d. h. über 0,4 bis 0,8% erlaubt. Bei dünnwandigen Gußstücken wird die durch den hohen Phosphorgehalt bedingte Sprödigkeit durch einen höheren Siliziumgehalt ausgeglichen. Es hat sich gezeigt, daß auch für dünnwandigen Guß ein geringerer Phosphorgehalt von etwa 0,5% genügt, wenn gleichzeitig (durch ein Entschwefelungsverfahren) der Schwefelgehalt unter 0,05% gehalten wird.

5. Schwefel (S). Der Schwefel ist ein lästiger Eisenbegleiter, er vermehrt die Härte, Sprödigkeit und das Schwindmaß im Gußeisen ganz erheblich. Schon ein verhältnismäßig geringer Schwefelgehalt erschwert die Graphitbildung. Bei starkwandigen Gußstücken, Walzenständern, schweren Maschinenteilen usw., bei denen der Graphitbildung entgegengearbeitet werden muß, also ein silizium- und kohlenstoffarmes Gußeisen verwendet wird, darf der Schwefelgehalt etwas höher sein; aber zu hoch, d. h. über 0,15%, wirkt er auch hier schädlich.

Zu den wenigen Gußstücken, die ein schwefelreicheres Gußeisen vertragen, gehören die Bremsklötze; die größere Härte ist erwünscht, doch die vermehrte Schwindung im Eisen fördert die Lunkerbildung und ergibt viel Ausschuß.

Infolge der ungünstigen Wirtschaftsverhältnisse, des Mangels an Erzen mit bestimmter Analyse, ist der Schwefelgehalt in den Roheisensorten wesentlich gestiegen. Ein Gußeisen bis 0,15% Schwefelgehalt bildet noch heute in den meisten Gießereien die Regel. Infolgedessen konnten in letzter Zeit mit sichtbarem Erfolg Entschwefelungsverfahren in Anwendung kommen, über die noch an anderer Stelle ausführlich berichtet wird. U. a. sei das „Dürkopp-Luyken-Rein-Verfahren“ erwähnt, das ermöglicht, selbst bei größten Zusätzen an Gußbrucheisen, einen hochwertigen Guß zu erzielen. Wie die Versuche gezeigt haben, ist ein Eisen mit 0,05 % Schwefel auch bei 0,5 % Phosphor genügend dünnflüssig und für empfindliche dünnwandige Maschinenteile, wie z. B. Hausmaschinenguß aller Art, gut geeignet.

Daß ein erhöhter Mangangehalt dem Schwefelgehalt im Gußeisen entgegenwirkt, ist bereits gesagt; es soll in dem Abschnitt „Entschwefelungsverfahren“ über die Wirkung der Manganformlinge noch besonders gesprochen werden.

6. Kupfer (Cu). Es ist ebenfalls ein unerwünschter Begleiter im Gußeisen. Der Kupfergehalt wird aber in der Eisengießerei meist vernachlässigt. Es darf jedoch nicht übersehen werden, daß ein Kupfergehalt ähnlich wie Schwefel wirkt; Roheisen mit mehr als 0,30 % Kupfer, sollte deshalb für Gießereierzeugnisse keine Verwendung finden.

Ähnlich ungünstig wirkt auch Arsen, dessen Einfluß im Gußeisen dem des Schwefels und Kupfers gleichbewertet werden kann. Chrom, Nickel, Aluminium, Titan und sonstige Eisenbegleiter kommen meist als Zusatz in die Eisenmischung, sie werden in der Regel erst in der Gießpfanne beigefügt. Über ihre Einwirkung wird an anderer Stelle berichtet.

B. Die Analyse als Grundlage für die Zusammensetzung des Gußeisens.

Die Kenntnis von der Zusammensetzung (Analyse) der zur Verfügung stehenden Roh- und Brucheisensorten bei der Einschmelzung im Schachtofen ist Bedingung; denn sonst kann eine jeweils zweckmäßige Eisenmischung (Gattierung) für bestimmte Gußwaren nicht ermöglicht werden. Wie diese Zusammensetzung des Gußeisens aussieht, das hat schon Prof. Wüst in einer Arbeit 1905 in „Stahl und Eisen“ gezeigt.

Nach dieser Zusammenstellung enthalten z. B.:

Gußeisen für	Silizium %	Mangan %	Phosphor %	Schwefel %
Maschinengußteile, dünnwandig	1,8÷2,4	0,5÷0,7	0,6 ÷1,0	unter 0,10
Maschinengußteile, starkwandig	1,4÷1,8	0,7÷1,0	0,4 ÷0,8	„ 0,12
Dampfzylinder	1,0÷1,50	0,8÷1,2	0,2 ÷0,5	„ 0,10
Bauguß	2,0÷2,50	0,5÷0,7	0,8 ÷1,25	„ 0,10
Röhrenguß	1,5÷2,20	0,6÷0,8	0,8 ÷1,40	„ 0,10
Hartguß	0,4÷0,9	0,3÷0,8	0,2 ÷0,50	„ 0,14
Topf- und Ofenguß	2,2÷2,8	0,4÷0,6	1,0 ÷1,5	„ 0,10
Blockformen (Kokillen). . . .	2,00	0,4÷0,6	0,06÷0,10	„ 0,06

Diese Durchschnittswerte lassen die Notwendigkeit der Einhaltung bestimmter Vorschriften in bezug auf die Zusammensetzung des Gußeisens erkennen; sie sagen, daß eine richtige Eisenmischung nur an Hand der Ergebnisse der Analyse möglich ist. Die Auswahl des Roheisens hat also nach der Analyse zu erfolgen, nicht nach dem Aussehen der Bruchflächen, das niemals genauen Aufschluß über die Zusammensetzung gibt. Roheisen derselben Zusammensetzung kann, je nachdem es im Sandbett oder in Dauerformen (Gießmaschine) vergossen wurde, tief- oder hellgrauen Bruch zeigen; andrerseits können die von den Hüttenwerken kommenden Roheisensendungen in der Zusammensetzung der einzelnen Masseln niemals genau gleichmäßig sein. Es ist deshalb notwendig, von Zeit zu Zeit die Werte der Analyse zu überprüfen, d. h. eigene Analysen anfertigen zu lassen.

Um die zweckmäßige Verwendung jeder Roheisensorte überwachen zu können, ist jeder Sendung auf dem Lagerplatz eine Bezeichnung zu geben. Derartige Tafeln, am besten aus Holz mit Lackschrift, geben die Analyse des Eisens, die Bezeichnung der Eisensorte und die Waggonnummer. Für den Verbrauch wird eine Lagerliste oder ein Tagebuch geführt, in dem zweckmäßig auch der eingehende Schmelzkoks nach Sorte, Menge und Analyse verbucht wird. Am Ende des Monats können die Angaben über den Verbrauch in der Betriebsrechnung verwertet werden. Die nachstehende Zahlentafel gibt den Vordruck einer solchen Rohstoffaufnahme:

Rohstoffaufnahme für Roheisen, Gußbrucheisen und Schmelzkoks.

	Roheisen				Brucheisen		Schmelzkoks		
Bezeichnung .	A.	B.	C.	D.	A.	B.	A.	B.	C.
Waggon-Nr. .	1234	2345	34567	—	2345	—	2345	5678	—
Hütte Zeche .	Fr. W. III.	Bud. III.	Schalk. III.	—	Maier & Co.	—	Massen	Konkordia	—
Preis 100 kg .	—	—	—	—		—	—	—	—
Analyse C ges .	3,65	3,45	3,67		—				
„ Si . .	2,34	2,65	2,18		1,54				
„ Mn .	0,65	0,76	0,87		—				
„ P . .	0,45	0,67	0.45		1,06				
„ S . .	0,05	0,03	0,03		0,10		1,45	1,32	
Asche							14,–	13,50	
Bestand 30/5.	82123	99500	65000 kg		108000 kg		45,5 t	35,5 t	
Verbrauch 2/6.	10000	10500	5000 „		18000 „		4,5 „	—	
Bestand kg	72123	89000	60000 kg		90000 kg		41,0 t	35,5 t	

Aus solcher ordnungsgemäß geführten Rohstoffaufnahme entnimmt der Gießereileiter oder Schmelzmeister die für die Eisenmischungen in Frage kommenden Werte. Weitere Einzelheiten hierzu gibt der Abschnitt „Beispiele".

Der Wert der sorgsamen Eisenmischung an Hand der Analyse liegt besonders in der Erhöhung der Treffsicherheit in der Zusammensetzung der geforderten Gußeisenart und gleichzeitig in der Möglichkeit, auch eine billigere Eisensorte zu verwenden, wodurch die Wirtschaftlichkeit des Schmelzbetriebes erhöht werden kann. Damit ergibt sich auch die Möglichkeit für den Gießer, bei seinen Lieferungen eine gewisse Gewähr für die Gleichmäßigkeit und Güte seiner Erzeugnisse den Bestellern gegenüber einzugehen. Dieser Vorteil ist bei der Herstellung von hochwertigem Gußeisen, wie z. B. Kraftwagenzylinder und ähnliche Stücke, von allergrößter Bedeutung.

Die Gesichtspunkte für die Zusammensetzung der Eisenmischung an Hand der Analyse sind durch Vorschläge namhafter Fachleute nach verschiedenen Richtungen gegeben worden. Erwähnt seien die Arbeiten von Treuheit und Leyde. In erster Linie soll die Wandstärke des Gußstückes für die Zusammensetzung des zu erschmelzenden Gußeisens maßgebend sein, dann die Ansprüche, die an die Dichte und Bearbeitbarkeit sowie an die Widerstandsfähigkeit gegen Abnutzung gestellt werden.

Die von O. Leyde bereits 1904 gegebene Anregung, den Siliziumgehalt bei verschiedenen Wandstärken der Gußstücke zu berücksichtigen, sei hier wiedergegeben:

Härtestufe	Wandstärke mm	Siliziumgehalt %		
		erstrebt	Verlust etwa	einzusetzen
extra weich	unter 5	2,80	0,50	3,30
sehr weich	5÷10	2,60	0,40	3,00
weich	10÷15	2,40	0,35	2,75
mäßig weich	15÷25	2,20	0,30	2,50
mittel weich	25÷40	1,90	0,25	2,15
mäßig hart	40÷60	1,70	0,20	1,90
hart	60÷90	1,50	0,15	1,65
sehr hart	90÷140	1,30	0,10	1,40
extra	140÷200	1,10	0,07	1,17

Der Vorschlag von Leyde gibt wohl einen allgemeinen Anhalt für die Beeinflussung der Zusammensetzung des Gußeisens bei einfachen Gußstücken, aber als Richtlinie kann die Zahlenreihe auf Grundlage des Siliziumgehaltes nicht in Frage kommen, weil die Anforderungen, die jeweils an die Gußstücke zu stellen sind, dabei nicht berücksichtigt werden. Für den praktischen Gebrauch kann nur eine Unterteilung des Gußeisens, nach dem Verwendungszweck gegliedert, nutzbringend sein.

Inzwischen hat Dr. Kühnel in der Zeitschrift „Gießerei" (Heft 33—36, 1924) einen bemerkenswerten Bericht über die Ergebnisse der Versuche an Zylinder-Schieberbuchsen und Kolbenringen über die Abnutzung des Gußeisens veröffentlicht.

In den Arbeiten ist versucht worden, die Beziehungen zwischen Zugfestigkeit, Biegefestigkeit und Härte unter Zuhilfenahme der Gefügebetrachtung zu klären. Die Zahlenreihen und Schaubilder geben wertvolle Richtlinien für die zweckmäßige Herstellung von hochwertigem Gußeisen; allem Anschein nach läßt die Gefügebetrachtung erkennen, daß die Härtebestimmung ebenso sicher ist wie die Festigkeitsprüfung. Die Untersuchungen sind noch nicht abgeschlossen, sie werden gemeinsam mit dem Werkstoffausschuß bzw. mit dem Verein Deutscher Eisengießereien fortgesetzt, so daß in absehbarer Zeit ein Ergebnis vorliegen kaun.

C. Die Klasseneinteilung für Erzeugnisse aus Gußeisen.

Um eine brauchbare Unterlage zu geben, hat der Werkstoffausschuß „Gußeisen-Temperguß" im NDI einen Vorentwurf ausgearbeitet. Dieser Entwurf E. 1500 Bl. 2, Klasseneinteilung für Gußeisen, ist bereits vor Jahr und Tag in den Fachzeitschriften der Kritik unterbreitet worden. Auch der Verein Deutscher Eisengießereien hat den Entwurf in seinen Ortsgruppen überprüfen lassen. Ich habe die Zusammenstellung auf Grund eigener Arbeiten in einigen Gruppen, besonders für das Maschinengußeisen, ergänzt; die nachfolgende Zahlentafel gibt ein übersichtliches Bild über die Analysenwerte (s. S. 32 u. 33):

Es sei bemerkt, daß die Analysenwerte in dieser Zusammenstellung Durchschnittszahlen aus einer großen Reihe verschiedenartiger, auch unter verschiedenen Betriebsverhältnissen erschmolzener Gußeisensorten wiedergeben. Von Fall zu Fall ist zu prüfen, ob der gleiche Wert, niedrigere oder höhere Werte für den in Frage kommenden Verwendungszweck geeignet erscheinen. Dabei sind stets die vorhandenen Roh- und Gußbrucheisensorten sowie die sonstigen Schmelzstoffe und der Schmelzbetrieb zu berücksichtigen.

Die Reihenfolge der Aufstellung hat keine besondere Bedeutung für die Bewertung, Art oder Wichtigkeit der betreffenden Gußklasse, es bleibt den

Gießereien überlassen, Ergänzungen zu machen und die eigenen Sondererzeugnisse an richtiger Stelle einzufügen. Die Angaben über Leistungen und Abnahmebedingungen in den einzelnen Gußklassen werden in dem nächsten Abschnitt behandelt.

Der Siliziumgehalt ist für den Wert des Gußeisens ausschlaggebend; er steigt von etwa 0,35 % bei Hartguß bis zu etwa 3,3 % bei dünnwandigen und empfindlichen Gußstücken für den Maschinenbau. Ein hoher Siliziumgehalt ist notwendig, um dünnwandige Stücke vor dem Hartwerden zu bewahren; der Siliziumgehalt soll deshalb nach der dünnwandigsten Stelle des betreffenden Gußstückes berechnet werden. Auch der Bemessung des Kohlenstoffgehaltes, ob ein erheblicher Anteil in gebundener Form oder als kristallinischer Graphit notwendig ist, muß Beachtung gegeben werden. Hierbei hat die Verwendung von Stahlschrott, zur Erhöhung der Festigkeit im Gußeisen eine besondere Bedeutung. In dieser Hinsicht wird des Guten oft zu viel getan; für Gußeisen liegt die Grenze des Zusatzes von Stahlschrott bei etwa 30 %.

Ohne Frage ist keine Gießerei in der Lage, bei 10 ÷ 20 und mehr verschiedener Arten Gußwaren mit ebenso vielen Eisenmischungen zu arbeiten. Der Gießer wird, je nach der Bedeutung seines Schmelzbetriebes, in der Regel mit 4 ÷ 8 besonders aufgestellten Eisensätzen auskommen und diese nach Bedarf von Fall zu Fall ergänzen. Der Gießer muß aber der Eigenart der Gußstücke Rechnung tragen und auf Grund eigener oder Erfahrungen aus anderen Werken die Eisenmischung zusammenstellen. Um fördernd einzugreifen, geben vorbildlich arbeitende Eisengießereien ihre Betriebserfahrungen bekannt; erfreulicherweise unter Vermeidung jeder Geheimniskrämerei, lediglich zum Wohl der Förderung unserer deutschen Gießereiindustrie. Ohne Namen zu nennen, möchte ich dies in Anerkennung der Tatsachen hier hervorheben.

D. Die Eigenarten der verschiedenen Gußwaren.

1. Der Bauguß. Er wird häufig als ein geringwertiges Erzeugnis der Eisengießerei angesehen; besondere Ansprüche wurden selten gestellt und die Billigkeit war meist ausschlaggebend. Für einfache Stücke, wie Bauplatten usw., mag dies eine gewisse Berechtigung haben, für den Säulenguß und ähnlich wichtige Gußkörper aber ganz gewiß nicht. Die Bestrebungen des Vereins Deutscher Eisengießereien zeigen, daß es den in Frage kommenden Werken nicht gleichgültig ist, das Gebiet des Baugusses zu verlieren. Es liegt an ihnen, das bereits verlorene Absatzgebiet zurückzugewinnen. Dazu ist allerdings nötig, daß bei der zuständigen Stelle die Erhöhung der Beanspruchungen für Gußeisen durchgesetzt wird.

Auch im gewöhnlichen Bauguß muß der Siliziumgehalt genügend hoch sein, damit harter Guß und Spannungen vermieden werden können. Die Wandstärken sind also zu berücksichtigen. Ein hoher Phosphorgehalt von 1 % und darüber schadet in der Regel nicht; bei Gußteilen, die großen Spannungen ausgesetzt sind, wie z. B. Fenster und Rahmen, darf daneben der Mangangehalt 0,70 % nicht überschreiten, da sonst die Gußstücke reißen könnten. Der Schwefelgehalt soll möglichst unter 0,08 % bleiben.

2. Die hochbeanspruchten Baugußstücke, wozu auch der Bedarf für die Ent- und Bewässerung gehört, sind unbedingt aus einem sorgfältig zusammengesetzten Gußeisen zu gießen. Besonders die Teile für den Straßenbau müssen dem Verkehr entsprechend genügend widerstandsfähig sein. Hier muß ein Gußeisen mit geringeren Phosphorgehalten Verwendung finden. Die zur Zeit in Arbeit befindlichen Normen für Baugußteile verdienen Beachtung.

Klasseneinteilung für Gußeisen.

Klassen	Verwendungsbeispiele	Annähernde Zusammensetzung Ges. C	Graph.	Si	Mn	P	S
Bauguß	a) Säulen	3,3÷3,6	2,0÷2,5	2,0÷2,50	0,5÷0,80	÷0,8	÷0,1
	b) Fenster usw. in Kasten oder Herdguß	3,3÷3,6	2,0÷2,5	2,4÷2,6	0,5÷0,6	÷1,0	÷0,10
	c) Bau- und Unterlegplatten, Zwischenstücke für Eisen- und Straßenbahngleis	3,2÷3,40	2,50	1,5÷2,0	0,80	÷1,00	÷0,10
	d) Herde, Öfen sowie Geschirrguß, roh und emailliert, inoxydiert oder sonstwie verfeinert	3,4÷3,80	3,0÷3,20	2,40÷2,80	0,60	1,0÷1,50	0,08
	e) Heizkörper, Radiatoren, Rippenrohre, Heizkessel, Badewannen, Feuerungsteile, dazu hohle Bügeleisen, Gas-, elektr.- und Spirituskocher	3,4÷3,80	3,0÷3,20	2,50÷2,80	0,60÷0,80	0,80	0,06
	f) Zubehörteile für Haus- und Straßenentwässerung	3,4÷3,6	2,80	1,8÷2,5	0,8	1,00	0,08
	g) Abflußrohre und Formstücke	3,4÷3,6	2,80	2,2÷2,6	0,60	1,0÷1,2	0,08
	h) Muffen- und Flanschenrohre	3,2÷3,5	2,50	1,5÷2,2	0,80	0,8÷1,2	0,07
	i) Formstücke dazu	3,2÷3,5	2,50	1,5÷2,4	0,9	0,7÷0,9	0,08
	k) Piano- und Flügelplatten	3,5÷3,8	2,8	2,4÷2,8	÷0,8	÷0,4	0,06
Maschinenguß, ohne besondere Vorschriften	a) Für den allgemeinen Maschinenbau und Schiffsbau:						
	1. Weiches Gußeisen bis 5 mm	3,60	3,00	2,6÷3,0	0,5÷0,7	÷0,7	unter 0,08
	2. Halbhartes Gußeisen 5÷10 mm	3,50	2,70	2,0÷2,5	0,6÷0,8	÷0,7	„ 0,08
	3. Hartes Gußeisen über 10 mm	3,40	2,50	1,6÷2,0	0,7÷1,0	÷0,7	„ 0,08
	b) Für Werkzeugmaschinen:						
	1. Große Ständer und Betten	3,0÷3,5	2,50	1,5÷2,0	0,6÷1,0	0,8÷1,0	„ 0,08
	2. Große Planscheiben und Radkörper	3,0÷3,2	2,20	1,4÷1,8	0,8÷1,0	0,8÷1,0	„ 0,08
	3. Mittlere Riemenscheiben	3,5÷3,8	2,80	2,5÷2,8	0,6÷0,9	0,6÷0,8	„ 0,07
	4. Schutzkappen, dünnwandige Gehäuse	3,5÷3,8	2,80	2,6÷3,0	0,60	1,00	„ 0,08
	c) Maschinen der Textilindustrie, Rippenrahmen und Ständer	3,3÷3,6	2,60	2,0÷2,4	0,6÷0,8	0,7÷1,0	0,06
	d) Für die Elektroindustrie:						
	1. Elektrogehäuse	3,5÷3,70	3,00	3,5÷4,0	0,5÷0,7	0,60	0,04
	2. Dünnwandige Teile	3,5÷3,70	3,00	2,8÷3,2	0,5÷0,7	0,9	0,05
	e) Landmaschinen, Gras- und Getreidemäher	3,4÷3,6	2,80	2,2÷2,6	0,6÷0,8	0,80	0,06
	f) Hausmaschinen, Näh-, Schreib- und Rechenmaschinen	3,4÷3,6	3,00	2,8÷3,2	0,6÷0,8	0,50÷0,80	0,05
Maschinenguß nach besonderer Vorschrift	a) Für den allgemeinen Maschinenbau und Schiffsbau:						
	1. mit normaler Festigkeit dünnwandig	3,3÷3,5	2,6÷3,0	2,0÷2,5	0,6÷0,7	0,6÷0,7	unter 0,06
	2. mit mittlerer Festigkeit mittelstark	3,1÷3,3	2,2÷2,6	1,6÷2,0	0,7÷0,8	0,5÷0,6	„ 0,06
	3. mit hoher Festigkeit starkwandig	2,8÷3,0	1,8÷2,2	1,3÷1,6	0,8÷1,0	0,4÷0,5	„ 0,06
	b) Heißdampfzylinder (3000 kg)	÷3,40	2,50	1,25	0,60	0,35	0,07
	c) Lokomotivzylinder (1000 kg)	÷3,30	2,40	1,3÷1,6	0,9÷1,1	0,35÷0,45	0,06

	d) Gasmaschinenzylinder (20000 kg)	3,0÷3,20	2,40	1,0÷1,2	0,6÷0,9	0,2÷0,5	0,06
	e) Preßwasserzylinder 130 mm Wandstärke	2,8÷3,20	2,0÷2,4	1,0÷1,2	1,0÷1,2	0,3÷0,5	0,06
	Die Kolbenringe und auch die Kraftwagenzylinder entsprechen der Zusammensetzung a) 1÷3.						
Hartguß (Schalenguß) Vollhartguß (ohne Schale durchgehend hart gegossen)	Ringe für Dampfstraßenwalzen (in Sand gegossen, weiße Bruchfl.), Laufräder für Dampfpflüge und Straßenlokomotiven, hydraulische Kolben, gezahnte Walzen für Koks- und Kohlenbrechmaschinen	3,5÷4,0	—	0,6÷1,2	0,4÷1,2	0,50	0,10
Schalenguß mit abgeschreckter Oberfläche	Kollergangringe und Platten, Kugelmühlplatten, Steinbrecherplatten, Eisenbahnräder (Griffin), Stempel und Ziehringe, sowie ähnliche Verschleißteile	3,0÷3,6	—	0,5÷1,00	0,4÷1,4	0,10	0,05
Walzenguß	Hartgußwalzen, halbharte Walzen und Lehmgußwalzen für Walzenstraßen (Eisenbleche-Formeisen)	2,8÷3,0	—	0,5÷1,0	0,5÷0,8	0,30	0,05
	Walzen für Druckerei-, Müllerei-, Papier- und Textilmaschinen, Zuckermühlen usw.	3,0÷3,2	—	1,0÷1,5	0,5÷0,8	0,30	0,05
Sonderguß	Blockformen (Kokillen) für Stahl- und Nichteisen-Metallwerke	3,3÷4,50	3,0÷3,5	1,5÷2,5	0,6÷0,8	0,10	0,04
	Dauerformen für Handelsgußwaren, Rohrformstücke usw. Dauerformen für die Glasindustrie	3,5÷4,0	3,0÷3,5	2,0÷2,8	0,60	0,10	0,04
	Geschoßkörper nach Vorschrift	2,8÷3,2	2,0÷2,5	1,0÷2,0	1,00	0,50	0,04
	Schachtringe (Tübbings)	3,0÷3,5	2,0÷2,5	1,5÷2,0	0,80÷1,20	0,40	0,08
	Ambosse und ähnliche massive Gußstücke, auch gr. Poller	2,8÷3,2	2,0÷2,5	1,2÷1,5	1,00	0,30	0,06
	Bremsklötze für Bahnbedarf	3,0÷3,3	2,0÷2,5	1,0÷1,2	1,0	0,80	über 0,15
Säurebeständiger Guß	Rohre, Schalen, Töpfe, Hähne, Kessel, Säurepumpen für die Aufnahme und Verarbeitung aller Arten Säuren .	0,8÷3,5	—	2,0÷18,0	0,80	0,50	0,05
Alkalibeständiger Guß	Sodaschmelzkessel, Natronkessel, widerstandsfähig gegen alkalische Laugen	3,5	—	1,5÷2,0	unter 1,00	0,20	0,05 Ni 0,20
Feuerbeständiger Guß ohne besondere Festigkeit	Zubehörteile für Feuerungen, Platten usw., Roststäbe aller Art	3,5÷4,0	2,5÷3,0	1,0÷2,0	0,5÷0,8	0,50	0,08
mit besonderer Vorschrift	Schmelzkessel für Nichteisenmetalle, Retorten, Glühtöpfe usw.	3,5÷4,5	2,5÷3,0	1,50÷2,80	0,5÷1,2	0,20	0,06
Feinguß	Zierguß für Säulen, Türen und Möbel, Schmuckkasten, Bilderrahmen, Beleuchtungskörper und ähnliche einfache, kunstgewerbliche Gebrauchsgegenstände . . .	3,5÷4,5	3,0÷3,5	2,0÷2,5	0,60	0,80÷1,2	0,10
Kunstguß	Kunstgegenstände nach besonderen Entwürfen, wie Statuen, Büsten, Reliefs, Tierfiguren, Schalen, Vasen usw. . .	3,5÷4,5	3,0÷3,5	2,0÷2,5	0,90	0,80÷1,5	0,10

3. Ofen-, Herd- und Geschirrguß. Diese Gußteile dürfen einen höheren Phosphorgehalt besitzen; denn das Eisen soll möglichst dünnflüssig sein. Daneben darf der Siliziumgehalt nach oben und der Mangangehalt nach unten gehen. Im Eisensatz wird viel Gußbruch verwendet; doch ist darauf zu achten, daß der Schwefelgehalt 0,12 % nicht überschreitet. Wie bereits gesagt, ist ein Aussuchen des Brucheisens sehr zu empfehlen.

4. Heizkörper-Radiatoren usw. sind großen Ansprüchen ausgesetzt. Dieses Gußeisen darf deshalb nicht nachlässig zusammengesetzt werden. Gußeisen im allgemeinen kann die Berührung mit überhitztem Dampf dauernd nicht vertragen. Der Phosphor- und Schwefelgehalt muß also beobachtet werden; ein höherer Siliziumgehalt, mindestens 2,5 %, ist Bedingung. Stahlabfälle sind nicht notwendig, doch das Entschwefelungsverfahren, wie überhaupt die Eisenreinigung und Entgasung, kann hier ebenfalls empfohlen werden. Ferner sei erwähnt, daß Mängel im Gußeisen auch oft durch fehlerhaften Ofengang entstehen können.

5. Gas- und Wasserleitungsrohre. Die Abnahmevorschriften geben einen Anhalt für die Zusammensetzung des in Frage kommenden Gußeisens. Der Größe der Rohre ist der Silizium- und Mangangehalt anzupassen. Mit dem Phosphorgehalt wird aus Gründen der Verbilligung des Eisensatzes oft zu hoch gegangen; etwa 1 % ist für Druckrohre genügend. Der Siliziumgehalt darf nicht vernachlässigt werden. Auf das Beispiel der Verwendung von Gußeisenspäneblöcke für Rohrformstücke sei verwiesen.

Die Abflußrohre können mit 1,5 % Phosphor gegossen werden, denn die dünnen Wandungen verlangen ein leichtflüssiges Eisen. Auch hier sei mit Bezug auf die Dünnflüssigkeit des Eisens auf den Wert der Entschwefelung hingewiesen. Die Eisenmischung für große Flanschenformstücke ist dem Maschinengußeisen anzupassen. Es sind neue Normen für Rohrleitungen in Arbeit genommen.

6. Piano- und Flügelplatten. Sie erhalten ein phosphorarmes Gußeisen. In der Regel werden diese Gußstücke aus Hämatitroheisen mit Maschinenbrucheisen und zugehörigen Eingüssen gegossen. Der Siliziumgehalt kann 2,40 % betragen; auf geringen Schwefelgehalt muß Wert gelegt werden. Da ein geringer Phosphorgehalt erwünscht ist, wird auch hier das Entschwefelungsverfahren mit Vorteil angewendet.

7. Das Maschinengußeisen im allgemeinen. In bezug auf die Sonderansprüche in der Herstellung von hochwertigem Gußeisen hat das Maschinengußeisen eine ausschlaggebende Bedeutung. Um eine möglichst klare Unterscheidung in den Güteansprüchen zu ermöglichen, schuf der Werkstoffausschuß zwei Gruppen von Maschinengußeisen, nämlich solches ohne besondere Vorschriften und mit besonderen Vorschriften hergestellt. Die erste Gruppe umfaßt alle Arten Maschinengußeisen, die in bezug auf Festigkeit, Dichte, Bearbeitbarkeit und Aussehen mit normalen Anforderungen im allgemeinen Maschinenbau und Schiffsbau benötigt werden. Alle Bestrebungen zur Herstellung von besonders hochwertigem Gußeisen kommen letzten Endes dieser Gruppe zugute, und es sei wiederholt gesagt, daß die schlechte Gewohnheit mancher Gießer, Gußstücke aller Art aus einer sogenannten „Durchschnitts-Eisenmischung“ zu gießen, unbedingt zu verwerfen ist.

Die überall bemerkbar werdenden Fortschritte auf dem Gebiete des Schmelzbetriebes in der Eisengießerei lassen allerdings erkennen, daß eine Möglichkeit zur Anwendung eines Einheitseisensatzes im Schachtofen denkbar ist, aber auch nur dann, wenn nachträglich, d. h. im Vorherd oder Eisensammler des Ofens, manchmal auch in der Gießpfanne, eine Nachbehandlung, d. h. Verbesserung des erschmolzenen Eisens für bestimmte Verwendungszwecke durchgeführt werden kann. In dieser Richtung gehen fast alle Versuche in bezug auf die Entschwefelungs-, Entgasungs- und Desoxydationsverfahren, worüber an anderer Stelle ausführlicher gesprochen werden soll.

8. **Der Maschinenguß ohne besondere Vorschriften** muß natürlich gewissen Mindestanforderungen in bezug auf Festigkeit, Dichte, Bearbeitbarkeit, Aussehen und Maßgenauigkeit entsprechen. Je nach den Beanspruchungen werden die in der gegebenen Gußklasseneinteilung genannten Gruppen von Maschinengußeisen aus einer eigenen Eisenmischung gegossen.

Im allgemeinen sind im Maschinengußeisen folgende Gruppen zu unterscheiden:

a) Weiches Gußeisen. Dünnwandige oder sperrige Maschinengußteile, Riemenscheiben, Gußstücke für Land-, Haus- und Textilmaschinen, sowie ähnliche Stücke kommen hier in Frage. Der Siliziumgehalt darf bis 3,0% und etwas darüber gehen, Mangan und Phosphor bis zu 0,07% sind den Stücken anzupassen, aber der Schwefel ist in jedem Fall so niedrig wie möglich, unter allen Umständen aber unter 0,08% zu halten. Mit dem Siliziumgehalt bleibt der Kohlenstoff bzw. Graphit genügend hoch, so daß die Weichheit des Gußeisens gesichert ist. Ein höherer Mangangehalt schützt das Silizium vor dem Abbrand; er wird mit 0,8%, ohne das Eisen zu härten, für die Festigkeit angemessen sein.

b) Mittelhartes Gußeisen. Größere Gußstücke mit stärkeren Wandungen und entsprechenden Querschnitten können im Siliziumgehalt niedriger genommen werden, je nach der Wandung 1,80÷2,20%. Der Mangan- und Phosphorgehalt etwa 0,80 als Grenze nach oben. Für den Schwefel gilt das unter a) Gesagte: so niedrig wie möglich. Der geringere Schwefelgehalt vermindert die Gefahr des Schwindens und die Saugstellen. Der Kohlenstoff kann auf einen geringeren Graphitanteil gestellt werden, so daß ein dichteres, feinkörniges Gefüge entsteht. Bei 3,50% Gesamtkohle soll etwa 80% als Graphit ausgeschieden sein.

c) Hartes Gußeisen. Starkwandige Stücke, z. B. die Zylinder verschiedener Art, Kolben, Ventilkörper, Kompressorenzylinder usw., auch volle Radkörper für einzuschneidende Zähne, sind bezüglich des Siliziumgehaltes in den unteren Grenzen zu halten. Mit dem Mangangehalt muß aber vorsichtig gearbeitet werden, damit in großen Gußstücken Spannungen unterbleiben. Dies gilt besonders für große Grundplatten, Maschinenrahmen und Gehäuse mit ungünstigen Übergängen in den Wandungen und Querschnitten. Der Siliziumgehalt bleibt bei solchen Stücken unter 1,50%, Mangan und Phosphor unter 1,00%. Nur bei starkwandigen, einfachen Stücken ist ein höherer Mangangehalt erlaubt. Der Graphitgehalt ist der Stärke der Wandungen angepaßt, er beträgt etwa 60÷70% des Gesamtkohlenstoffes. Als Hilfsmittel gegen die Graphitausscheidungen dienen Stahlabfälle und Spänebriketts, die bis zu etwa 30% mit bestem Erfolg angewandt werden können. Bei einem Zusatz von 10÷20% (bei Maschinengußeisen) geht der Kohlenstoff im Schachtofen auf etwa 3,25% herab, bei größeren Stahlzusätzen bis auf 2,80%, doch ist naturgemäß ein größerer Koksverbrauch damit verbunden.

Oft ist es Gefühls- oder auch Erfahrungssache, das Richtige in abnormen Eisensätzen zu treffen, die Untersuchung des erschmolzenen Eisens bringt aber die Aufklärungen, die für Verbesserungen die entsprechenden Unterlagen geben.

9. Maschinengußeisen nach besonderen Vorschriften. Es nimmt eine hervorragende Ausnahmestellung ein. Was in bezug auf Festigkeit, Dichte und Bearbeitbarkeit im gewöhnlichen Maschinengußeisen als stiller Wunsch des Bestellers erhofft wird, das ist hier Bedingung oder soll Bedingung werden, nämlich „Qualitätsguß" in des Wortes bester Bedeutung. Qualitätsgußeisen ist nicht jedes Gießers Sache. Es gehören zu seiner Herstellung mehr als Schmelzstoffe und Schmelzeinrichtung. Alle Einzelheiten des gesamten Gießereibetriebes müssen zu diesem Erzeugnis zusammenwirken, und wo es im Betriebe irgend fehlt, wird sich der Mangel in der Regel im Gußstück selbst zeigen. Nur ein zeitgemäß geleiteter Betrieb, der sich alle brauchbaren Neuerungen in zweckmäßiger Anpassung zunutze machen kann, kommt für die Herstellung von wirklich hochwertigem Maschinengußeisen in Frage.

Das hochwertige Gußeisen wird auch als „Halbstahl" bezeichnet, und zwar ganz gleich, ob es aus dem Schachtofen oder aus dem Herdofen erschmolzen wurde. Der Fachausschuß für Benennungen hat diese Bezeichnung mit Recht als irreführend abgelehnt (s. die diesbezügliche Anmerkung im Abschnitt IV Einteilung nach dem Werkstoff auf Seite 21). Wenn auch in Amerika seit einer Reihe von Jahren der Name „Halbstahl" (Semi-steel) Anklang gefunden hat, so ist doch in diesem Gußeisen größerer Festigkeit kein Fortschritt zu sehen, der eine derartige Bezeichnung rechtfertigte. Auch in deutschen Gießereien wird seit Jahrzehnten mit Stahlzusätzen gearbeitet; die erhöhte Festigkeit im Gußeisen ist kein Grund, dem Verbraucher die Bezeichnung „Halbstahl" aufzuzwingen. Die Unzuverlässigkeit des Stahlzusatzes im Schachtofen berechtigt vielmehr zu einem Mißtrauen der Verbraucherkreise gegen diesen Namen. Es sei auf eine Arbeit von Wüst und Bardenheuer über „Halbstahl", die 1923 vom Kaiser-Wilhelms-Institut für Eisenforschung veröffentlicht wurde, hingewiesen; im übrigen kann die Bearbeitung dieser Frage dem Werkstoffausschuß im NDI überlassen bleiben.

In der Zusammenstellung der Gußklassen für hochwertiges Gußeisen ist auch eine Unterscheidung nach der Festigkeit gegeben, und zwar:

Gußeisen mit normaler Festigkeit	(Biegefestigkeit	32÷35,	Zugfestigkeit	16÷18 kg/mm²)
„ „ mittlerer „	(„	36÷42,	„	19÷22 „)
„ „ hoher „	(„	43÷50,	„	23÷26 „)

Diese Teilung lehnt sich in gewisser Beziehung auch an die drei Gruppen des einfachen Maschinengußeisens an, in denen weiches, halbhartes und hartes Gußeisen unterschieden wird. (Seite 35.)

Es sei auch hier auf das Perlit-Gußeisen hingewiesen, dessen hervorragende Eigenschaften: hohe Festigkeit, Dehnung, Zähigkeit, Verschleißfestigkeit, dichtes Gefüge, gute Bearbeitbarkeit, sehr wenig Spannungen und Lunker, es zu einem hochwertigen Konstruktionsmaterial machen. Die Firma Lanz-Mannheim, die auch ein Patent für planmäßige Erzeugung hat, bemüht sich besonders um die Einführung des Perlit-Gußeisens. (Näheres in den Aufsätzen von Bauer in „Stahl und Eisen", Sipp in „Gießerei" und Maurer in „Krupp'sche Monatshefte".)

10. Zylindergußeisen. Es gilt als hochwertiges Gußeisen erster Ordnung. In ihm spielt der Zusatz von Stahlabfällen eine besondere Rolle, und zwar ganz gleich, ob es sich um den Zylinder kleinster Bauart für Kraftwagen oder um den Zylinder für eine Großgaskraftmaschine handelt. Die weitgehenden Untersuchungen haben bestätigt, daß der Kohlenstoffgehalt im Zylinderguß

Festigkeit und annähernde Zusammensetzung von hochwertigem Gußeisen für den Motorenbau.

Bezeichnung	Verwendungszwecke	Biegeversuche: Probestäbe Durchm. mm	Biegeversuche: Probestäbe Auflage mm	Biegungsfestigkeit kg/mm²	Durchbieg. mm	Zugfestigkeit kg/mm²	Härte nach Brinell	Analyse des Gußeisens: Ges. C %	Graph. %	Si %	Mn %	P %	S %
Gußeisen I	Rippen-Zylinder Wassergek. Zylinder Andere dünnw. Gußstücke	20	400	35,0	6,0	16 ÷ 20	150 ÷ 170	3,50 — 3,30	3,00 — 2,60	2,50 — 2,00	0,60 — 0,70	0,70 — 0,60	unter 0,08
Gußeisen II	Wassergek. Zylinder Kolben, Bremsringe Andere mittelstarkwandige Gußstücke	20	400	42,0	7,0	20 ÷ 24	170 ÷ 190	3,30 — 3,10	2,60 — 2,20	2,00 — 1,60	0,70 — 0,80	0,60 — 0,50	unter 0,08
Gußeisen III	Wassergek. Zylinder Kolbenringbuchsen Andere starkwandige Gußstücke	30	600	45,0 50,0	11,0	22 ÷ 26	190 ÷ 210	3,10 — 2,80	2,20 — 1,80	1,60 — 1,30	0,80 — 1,00	0,50 — 0,40	unter 0,08

niedrig bleiben muß. Die Wandungen sollen ein sehr dichtes Gefüge zeigen, ein geringer Siliziumgehalt bei mittlerem Mangangehalt ist also Bedingung. Bei Dampf- und Gaszylinder bleibt der Siliziumgehalt in der Regel unter 1,50 %, der Mangangehalt zweckmäßig bis 1,0 %, so daß eine Zugfestigkeit bis 26 kg/mm² und mehr erreicht werden kann.

Der Phosphorgehalt bleibt beim Zylindergußeisen meist in den unteren Grenzen, also unter 0,35 %. Es darf aber nicht übersehen werden, daß ein etwas höherer Phosphorgehalt die Dichte des Gußstückes an ungünstigen Übergängen in der Wandung vorteilhaft beeinflußt. Über die Wirkungen des Schwefelgehaltes gehen die Ansichten der Fachleute nach den vorliegenden Ergebnissen des Entschwefelungsverfahrens nicht weit auseinander. Es sei auf die Versuche von Walter, Emmel, Scharlibbe und Luyken hingewiesen.

Die Bedeutung der deutschen Gießtechnik in der Herstellung der Kraftwagenzylinder ist als hervorragend anerkannt. Um so mehr muß gewarnt werden, die Herstellung dieser hochwertigen Zylinder (Fig. 10) mit unzulänglichen Betriebseinrichtungen und Erfahrungen aufzunehmen. Für die Herstellung der Kraftwagenzylinder ist ein besonders sorgfältig zusammengesetztes und genügend heiß erschmolzenes Gußeisen Grundbedingung. Die nebenstehende Zusammenstellung gibt einen Anhalt über die Zusammensetzung, Festigkeit und Härte eines derartigen Gußeisens:

Als Gegenstück zu der vorstehenden Zahlentafel sei noch eine Sammlung von Zahlenwerten über Zylindergußeisen aus den Vereinigten Staaten wiedergegeben. Die Tafel entstammt einer Arbeit von Swan in der amerikanischen Gießereizeitung „Foundry“, Heft 10, 1923.

Angaben über Zylindergüsse.

No.	Si %	Mn %	P %	S %	Ges. C %	Geb. C %	Graph. %	Brinellhärte %	Roheisen %	Gußbruch %	Stahl-Schrott %
1	2,10	0,80	0,20	0,08	3,20	0,50	2,70	185	40	45	15
2	2,50	0,60	0,55	0,15	3,55	0,45	3,10	185	35	40	25
3	2,25	0,65	0,20	0,10	3,40	0,40	3,00	201	34,3	45,7	20
4	2,20	0,65	0,30	0,09	3,50	0,20	3,30	—	45	45	10
5	2,40	0,60	0,22	0,10	3,35	0,35	3,00	181	43,4	40,6	16
6	2,20	0,65	0,45	0,09	3,40	0,50	2,90	217	50	37,5	12,5
7	1,75	0,55	0,25	0,08	—	—	—	207	50	30	20
8	2,10	0,60	0,22	0,095	3,40	0,60	2,80	197	55	25	20
9	2,25	0,60	0,25	0,10	3,25	0,45	2,80	192	48,9	39,1	12
10	2,10	0,60	0,20	0,095	—	0,60	—	190	56	32	12
11	2,85	0,50	0,18	0,15	2,90	0,50	2,40	175	42	40	18
12	1,90	0,70	0,18	0,08	3,40	0,50	2,90	170	38	44	18
13	2,00	0,65	0,20	0,095	3,70	0,50	3,20	175	40	44	16
14	2,50	0,70	0,25	0,09	—	0,40	—	—	53,5	34	12,5
15	2,70	0,55	0,20	0,10	3,20	0,50	2,70	200	40	37,5	22,5
16	2,05	0,60	0,15	0,09	3,40	0,60	2,80	212	43,3	36,6	20

Da die vorstehende Zahlentafel neben den Werten der Analyse und der Härteprüfung auch die Angaben über die Zusammensetzung des Eisensatzes

Fig. 10. Verschiedene Schnitte durch einen Zylinderblock für Kraftwagen.

enthält, wird sie einige Aufmerksamkeit beanspruchen können, um so mehr, als die Massenanfertigung von Kraftwagen auf Grundlage der in Amerika üblichen

Arbeitsteilung auch in Deutschland in Aussicht genommen ist. Es sei hierbei auf die Berichte über die Fordsche Gießereianlage hingewiesen.

Wegen weiterer Einzelheiten sei auf einen Aufsatz des Verfassers über „veredeltes Gußeisen“ in der Zeitschrift „Gießerei“ (Heft 39/40, 1924) hingewiesen.

11. Gußeisen für Kolbenringkörper. Es verlangt gleich sorgsame Zusammensetzung wie das Zylindergußeisen. Eine Grundlage für den Eisensatz bildet die Zusammenstellung für Zylindergußeisen auf Seite 33 u. 37. Im Gegensatz zu den Zylinderkörpern erhalten die Kolbenringe ein weicheres Gußeisen, damit sie sich richtig einarbeiten. In der Hauptsache kommt für den Eisensatz Hämatitroheisen in Frage, dem zweckmäßig, neben dem Anteil an verlorenen Köpfen und Eingüssen, etwas manganhaltiges Roheisen und Stahlabfälle einwandfreier Art beigegeben wird. Die Zusammensetzung ist der Wandstärke der Ringkörper anzupassen. Der Erfolg des Gusses ist sicherer, wenn die Wandstärken nicht zu große Abweichungen zeigen. Während bei großen Ringen über 500 mm Durchmesser der Siliziumgehalt mit 1,25÷1,50 % genügt, muß bei den kleinsten Ringen der Siliziumgehalt bis zu 2,60 % gehalten werden. Der Kohlenstoffgehalt bleibt unter 3,30 %.

Es sind Bestrebungen im Gange (auf Grund einheitlicher Versuche) die Zusammensetzung des Kolbenringgußeisens und die Bedingung für die Herstellung der Ringe festzulegen. Unter Leitung von Dr.-Ing. Kühnel (Eisenbahnzentralamt), im Einvernehmen mit dem Verein Deutscher Eisengießereien, werden Vorschläge ausgearbeitet. Dieser Fachausschuß wird sich gleichzeitig mit der Prüfung von Roststab- und Bremsklotzeisen befassen; es sollen besondere Versuche über die Abnutzung von Gußeisen angestellt werden.

Die Herstellung der Kolbenringkörper erfolgt nicht immer mit der notwendigen Sorgfalt. Nicht nur in bezug auf die Zusammensetzung des Gußeisens, sondern auch in der Herstellung der Formen wird oft unzulässig gearbeitet. Es ist nicht gleichgültig, ob die Ringkörper verschiedener Wandstärke, in grüner oder trockener Form, steigend oder fallend, d. h. von unten oder oben angeschnitten, mit oder ohne verlorenen Kopf gegossen werden. Sind die Abkühlungsverhältnisse nicht beachtet, kann ein zu heiß vergossenes, sonst aber einwandfreies Eisen, infolge der Ausseigerungen viel Ausschuß ergeben.

Daß Schwierigkeiten im Kolbenringguß nicht nur in deutschen Gießereien vorliegen, beweisen die amerikanischen Versuche, die Ringe im Schleudergußverfahren (in Dauerform) herzustellen. Bisher sind die Versuche ohne nennenswerte Erfolge geblieben; die Abschreckung der Ringe wird zu stark, so daß ohne Nachglühen keine brauchbaren Ringe hergestellt werden können. Allem Anschein nach bringt das Entschwefelungsverfahren für den Guß der Kolbenringe Vorteile; entsprechende Versuche werden gemacht.

12. Hartguß (Schalenguß). Auch er ist ein hochwertiges Gußeisenerzeugnis. Diese Gußstücke werden an der Außenfläche dadurch gehärtet, daß die Graphitausscheidung durch angelegte Schalen (Kokillen) unterdrückt wird. In dem Querschnitt eines solchen aus Schalen gegossenen Gußstückes ist die weiße, halbweiße und graue Zone durch die Schaleneinwirkung deutlich erkennbar (s. Fig. 5 Seite 24). Die Eisenmischung muß auf der Grenze zwischen grauem und weißem Gußeisen gewählt werden.

Für die Zusammensetzung des Hartgußeisens sind je nach Art der Stücke verschiedene Werte maßgebend. Ein geringer Mangangehalt benötigt auch nur geringen Siliziumgehalt. Der einfache Vollhartguß zeigt völlig weiße Bruchfläche, er wird ohne Schale gegossen. Je höher der Kohlenstoffgehalt, um so niedriger darf der Siliziumgehalt sein; ein hoher Kohlenstoff beeinflußt die

Festigkeit weniger als der Siliziumgehalt. Beim Walzenguß wird der Kohlenstoff auf etwa 2,4÷3,2 % gehalten; die Schmelzung im Flammofen ist hier wie bei allen größeren Gußstücken am Platz.

Zur Minderung des Kohlenstoffes werden wieder Stahlabfälle oder Stahlspäneblöcke verwendet. Der Phosphorgehalt geht bis 0,50 %; ein hoher Schwefelgehalt ist gefährlich, da das Eisen durch diesen leicht rissig wird. Die Versuche mit dem Walterschen Entschwefelungsmittel ergaben, daß der Schwefelgehalt leicht auf 0,03 % herabgedrückt werden kann. Dieses Verfahren gibt auch die Möglichkeit, den verlorenen Kopf niedriger zu halten. Das Holzkohleneisen hat sich für die Herstellung des Hartgusses als besonders wertvoll erwiesen; es sind diejenigen Roheisensorten am zweckmäßigsten, die am wenigsten Fremdkörper enthalten.

Erwähnt sei die Herstellung der Hartgußräder, Bauart Griffin. Als in den ersten Jahren zur Herstellung der Räder (1898) hauptsächlich Holzkohlenroheisen zur Verwendung gelangte, genügten die Räder mit größerer Haltbarkeit allen Anforderungen. Später aber, als mehr Koksroheisen verschmolzen wurde, machte sich eine Minderung der Lebensdauer der Räder bemerkbar. Dieser Erscheinung wird größte Aufmerksamkeit entgegengebracht, da nicht nur in den europäischen Ländern, sondern auch in Amerika eine Verschlechterung des Roheisens und der sonstigen Schmelzstoffe als Kriegsfolgeerscheinung die Brauchbarkeit der Gießereierzeugnisse nachteilig beeinflußt. Es unterliegt keinem Zweifel, daß bei einer Eisenmischung mit 75 % Räderbrucheisen, neben etwa 10÷15 % Stahlabfällen und Roheisen, besonders bei schwefelreichem Schmelzkoks sich ein weniger zuverlässiges Gußeisen ergibt, es sei denn, daß für eine rechtzeitige Entschwefelung und Desoxydation des flüssigen Eisens gesorgt wurde. Daß ein höherer Schwefelgehalt, also über 0,10÷0,16 % und mehr, wie er heute keine Seltenheit ist, im Hartguß auch bei richtig angepaßten Gehalten an Silizium und Mangan viel Unheil anrichten kann, muß dem Gießer bekannt sein. Es kann beobachtet werden, daß bei höherem Schwefelgehalt die Zone des Überganges der Härtung zum grauen Eisen sehr schroff abschneidet.

13. Der Walzenguß. Er kann als Sonderart des Hartgusses angesehen werden, doch ist die Herstellung der Walzen ein Gießverfahren für sich. Für die schweren Walzen ist, wie schon gesagt, der Flammofenbetrieb die Regel, schon deshalb, um die großen Walzenbruchstücke wieder einschmelzen zu können. Die Eisenmischung im Flammofen bedingt einen höheren Silizium- und Mangangehalt, infolgedessen wird ein manganreicheres Roheisen gesetzt. Die höheren Schmelzkosten sprechen gegen den Flammofenbetrieb; auch die unvermeidliche Abnahme des Kohlenstoffgehaltes ist mitunter lästig, trotzdem wird der Flammofen für den Walzenguß bevorzugt. Bei Hartwalzen wird die Härte der Walze durch die Eisenmischung und durch die Wandstärke der Schale beeinflußt. Die Schalen dürfen nicht zu hart sein, da sie starken Temperaturschwankungen standhalten müssen. Nach der Härte sind Hart-, Halbhart- und Weichwalzen und nach der Form Glatt- und Kaliberwalzen zu unterscheiden. Phosphor wie Schwefel sind im Walzenguß möglichst niedrig zu halten. Abgesehen von Fehlern in der Zusammensetzung des Gußeisens, sind die Quer- und Längsrisse in den Walzen in der Regel auf mangelhafte Schalen zurückzuführen; die hohe Schwindung wird oft nicht genügend berücksichtigt. Es wird zwar behauptet, daß die gußeiserne Schale ihrer geringen Leitfähigkeit wegen ohne Einfluß auf die Abschreckung der Walze sei; aber es muß auf die Haltbarkeit der Schale geachtet werden. Je tiefer die Härteschicht, desto größer ist die Schwindung. Der Guß der Walzen soll im allgemeinen heiß erfolgen[1]).

14. Blockformen für Stahlwerke und sonstige Dauerformen (Kokillen). Diese Gußstücke müssen einer hohen Beanspruchung durch Temperaturwechsel standhalten. Sie sind sehr empfindlich, geringe Abweichungen in der chemischen Zusammensetzung des Gußeisens genügen oft, um ihre Haltbarkeit ungünstig zu beeinflussen. Am besten hat sich reines Hämatitroheisen mit möglichst geringem Phosphor- und Schwefelgehalt für den Eisensatz bewährt. Der Siliziumgehalt ist nach den Wandstärken 1,50÷2,50%, der Mangangehalt nicht über 1,0% bei 3,5÷4,0% Kohlenstoff. Bei dem zeitweiligen Mangel an Hämatitroheisen kam auch die Verwendung größerer Mengen Stahlabfälle in Frage; es darf aber nicht übersehen werden, daß die Blockformen einen hohen Kohlenstoffgehalt benötigen, da sie sonst leicht reißen.

In ähnlicher Weise wie die Blockformen verhalten sich auch die allgemeinen Dauerformen für die Gußwarenherstellung, wie z. B. nach dem Rolle-Verfahren. Auch hier wird ein widerstandsfähiges Gußeisen verlangt. Das Holzkohlenroheisen ist hierbei besonders widerstandsfähig; leider steht es nur noch wenig zur Verfügung. Die für die Glasindustrie und Nichteisenmetallwerke benötigten Dauerformen müssen mit gleicher Sorgfalt gegossen werden, nicht ohne Analyse; die Vorschriften sind genau einzuhalten.

15. Die Geschoßkörper. Gußeisen kommt für diesen Zweck nur in Ausnahmefällen zur Verwendung, hauptsächlich als Stahlgußersatz. Das Eisen muß dicht und fest sein, also entsprechend der Wandstärke wenig Silizium bei höherem Mangangehalt. Der letztere darf 1,20% nicht übersteigen. Der Kohlenstoffgehalt bleibt unter 3,30%, für den Phosphorgehalt sind die Grenzen ziemlich weit gezogen. Es hat sich gezeigt, daß ein Phosphorgehalt, selbst bis 1%, günstige Ergebnisse brachte. Die nachstehende Zahlentafel, die an Hand von weitgehenden Versuchen zusammengestellt ist, gibt einen Überblick über den Einfluß der Zusammensetzung des Gußeisens auf die Brauchbarkeit des Geschoßkörpers:

Gußprobe	C ges. %	C graph. %	Si %	Mn %	P %	S %	Zerreißfestigkeit kg/mm²	zerlegte Stücke
1	3,35	2,30	1,96	0,40	1,30	0,250	16 ÷17	bis 60
2	3,30	2,25	2,05	0,65	1,05	0,184	18,5÷23	„ 85
3	3,35	2,30	1,85	0,55	0,85	0,195	21,0÷24	etwa 100
4	3,40	2,25	1,90	0,70	0,60	0,145	21,5÷24	„ 115
5	3,30	2,40	1,93	0,64	0,63	0,143	20,0	„ 130
6	3,15	2,50	1,70	0,40	0,85	0,150	20,5÷21,5	„ 150
7	3,30	2,60	1,90	0,60	0,80	0,115	20,0÷23	„ 200
8	3,40	2,50	1,50	0,75	0,75	0,095	25,0	über 200

Bei ganz kleinen Geschoßkörpern hat sich ein nennenswerter Einfluß durch die Zusammensetzung des Gußeisens auf die Festigkeit nicht bemerkbar gemacht. Versuche, die Geschoßkörper in Dauerformen herzustellen, blieben ohne nennenswerten Erfolg. Die Körper werden in der Hauptsache aus Stahlguß oder Preßstahl angefertigt, nur für die kleinsten Körper kommen auch Temperguß und Gußeisen in Anwendung.

---

[1]) Die Verwendung von Stahlabfällen (Stahlschrott) wird bei Walzenguß von vielen Fachleuten abgelehnt, weil eine innige Mischung des erschmolzenen Eisens selten möglich ist.

16. Die Schachtringe (Tübbings). Diese Gußstücke können als Beispiel angeführt werden, welche Widerstandsfähigkeit Gußeisen als Baustoff haben kann. Weitgehende Versuche bestätigten, daß diese Ringe, sachgemäß hergestellt, den höchsten Anforderungen genügen. Die Ringe werden bis zu einem Durchmesser von 6 m aus Segmenten zusammengebaut. Ein festes Maschinengußeisen ist Bedingung; der Siliziumgehalt darf nicht zu niedrig genommen werden, um die Bearbeitung der Ringe zu ermöglichen. Ambosse und ähnliche grobe Gußstücke werden aus Harteisen, mit dem geringsten Gehalt an Silizium, gegossen. Dabei kann der Mangangehalt bis 1,20⁰/₀ gehen. Da diese groben Gußstücke meist in getrockneter Form gegossen werden, ist auf ein sorgfältiges Schwärzen und Trocknen zu achten.

17. Gußeisen für Bremsklötze. Dieses Eisen lief lange Zeit unter falscher Flagge, als sogenannter „Stahlguß", weil laut Vorschrift der Eisenbahnverwaltung in diesem Eisen etwa 10⁰/₀ Stahlabfälle eingeschmolzen wurden. Die falsche Bezeichnung ist inzwischen untersagt worden, der Zusatz an Stahlabfällen hat sich aber bewährt. Ein höherer Schwefelgehalt ist zugelassen, da dieser eine Härtesteigerung mit sich bringt, die im vorliegenden Falle unschädlich ist. Das gewöhnliche Gußeisen mit geringem Silizium- und hohem Mangan-, aber niedrigem Kohlenstoffgehalt ist für Bremsklötze am günstigsten. Da aber infolge der Form der Bremsklötze in der Mitte sehr leicht Lunkerbildungen auftreten, darf das Eisen nicht zu heiß vergossen werden. Ein Steiger ist nicht nötig, der seitliche Einguß jedoch von Vorteil. Eine zweckmäßige Modelländerung dürfte die Lunkerbildung einschränken.

18. Säurebeständiges Gußeisen. Es hat in den letzten Jahrzehnten eine wesentlich erweiterte Verwendung gefunden. Bemerkenswerte Verbesserungen bestätigen, daß die Zusammensetzung dieses Gußeisens nicht nach Gefühl, sondern auf Grund wissenschaftlicher Erkenntnis erfolgen muß. Der Schwefel im Gußeisen macht hier große Schwierigkeiten; denn Schwefeleisen wird von den Salz-, Schwefel- und Salpetersäuren unter Bildung von Schwefelwasserstoff zersetzt. Ein geringer Phosphorgehalt ist weniger schädlich, auch Mangan darf in mittleren Grenzen enthalten sein. Größere Bedeutung hat die richtige Einstellung des Siliziumgehaltes.

Die in der Gußklasseneinteilung gegebenen Werte für den Siliziumgehalt sind den Anforderungen, die gestellt werden, von Fall zu Fall anzupassen. Ein hochsiliziumhaltiges Gußeisen, über 5÷18⁰/₀ Silizium, ist hart und spröde und kaum zu bearbeiten. Es ist deshalb ausgeschlossen, aus diesem Gußeisen Formstücke anzufertigen, die auf Festigkeit beansprucht werden. Der Besteller muß sich daran gewöhnen, der Gießerei richtige Angaben über den Verwendungszweck der Gußstücke zu machen, die Zeichnung allein genügt nicht. Handelt es sich um säurebeständiges Gußeisen einfachster Art, im Schachtofen hergestellt, dann ist in der Regel ein phosphor- und schwefelarmes bis 3⁰/₀ Silizium enthaltenes Eisen ausreichend. Wird auch eine gewisse Festigkeit gefordert, dann muß sowohl der Silizium- wie der Mangangehalt angepaßt werden, so daß ein feinkörniges Gußeisen mit geringem Graphitgehalt erschmolzen wird. Das säurebeständige Gußeisen mit hohem Siliziumgehalt bis 18% und mehr wird besser im Flamm- oder Elektroofen hergestellt. Es ist hierbei das Verhalten der Eisen-Kohlenstoffverbindungen bei steigendem Siliziumgehalt zu beachten. Mit dem steigenden Siliziumzusatz sinkt der Kohlenstoff. Es sei auf die Ausführungen von Walter über die Herstellung des Thermisilitgußes verwiesen. In Deutschland wird dieses Sondergußeisen von der Maschinenfabrik Eßlingen und Friedr. Krupp in Essen hergestellt.

19. Alkalibeständiges Gußeisen. In diesem darf nur wenig Silizium und Phosphor enthalten sein, weil diese Eisenbegleiter die Alkalibeständigkeit ungünstig beeinflussen. Silizium wird von der Kali- und Natronlauge, Phosphor von heißer Kalilauge vollständig aufgelöst. Der Schwefelgehalt in mäßigen Grenzen, d. h. unter 0,06%, hat weniger Bedeutung; es sei erwähnt, daß auch hier das Entschwefelungsverfahren von Wichtigkeit ist. Der Mangangehalt im alkalibeständigen Gußeisen ist so gering wie möglich zu halten, weil das Mangan die Laugen braun färbt. Wie beim säurebeständigen Gußeisen, dient auch hier der Stahlzusatz zur Erlangung eines feinkörnigen Gefüges, damit das Eisen weniger angegriffen wird. Versuche ergaben, daß ein Nickelgehalt von etwa 0,3÷0,5%, nach dem Goldschmidtschen Verfahren in der Gießpfanne zugeführt, die Haltbarkeit der Gußstücke wesentlich steigert.

20. Feuerbeständiges Gußeisen. Über diesen Sonderguß ist bereits im Abschnitt 14 einiges gesagt worden; die Blockformen müssen nicht nur feuerbeständig, sondern auch mechanisch recht widerstandsfähig sein. Während bei einfachen Gußstücken, wie z. B. Roststäbe, Feuerungsteile aller Art usw., ein hochgekohltes Gußeisen mit möglichst wenig Graphitausscheidung genügt, verlangen Schmelzkessel, Retorten und Glühtöpfe ein sorgfältig zusammengesetztes Eisen mit wenig Phosphor- und Mangan- bei geringstem Schwefelgehalt. Es kommt also die Verwendung von Hämatitroheisen sowie Siegerländer und ähnlichen Zusatzsorten in Frage. Je nach den Anforderungen muß von Fall zu Fall ein zweckmäßiges Gußeisen gewählt werden, um die Lebensdauer der Stücke nach Möglichkeit zu erhöhen.

21. Fein- und Kunstguß. Der Fein- und Kunstguß benötigt ein Gußeisen mit großer Dünnflüssigkeit, dementsprechend kann der Phosphorgehalt bis 1,5% gehen. Wenn es sich um dünnwandige Stücke handelt, muß auch der Siliziumgehalt gesteigert werden. Der Mangangehalt bleibt unter 0,8%, damit keine Härte im Gußeisen entsteht. Wenn auch die Verwendung des Holzkohlenroheisens für die Herstellung von Roheisenkunstguß vorüber ist, so beweisen die Erzeugnisse der deutschen Kunstgußwerkstätten doch, daß auch mit dem Koksroheisen ein ausgezeichnetes Erzeugnis geschaffen werden kann. Auf das Sonderheft der Zeitschrift „Gießerei“ vom 8. Juni 1922, über den deutschen Kunstguß in Eisen, sei besonders aufmerksam gemacht. Es wäre sehr wünschenswert, wenn der altbeliebte Eisenkunstguß wieder zu Ehren käme; es gilt das Verständnis dafür zu wecken[1]).

E. Der Einfluß des Schmelzganges auf den Einsatz (Schmelzverluste).

Das eingesetzte Roheisen oder die Eisenmischung (Gattierung) ist bei dem Umschmelzen im Schacht-, Herd-, Tiegel- oder Elektroofen, je nach der Empfindlichkeit der verwendeten Roh- oder Hilfsstoffe, mehr oder weniger großen Änderungen durch chemische Einflüsse, einfache Schmelzverluste (Abbrand) oder auch Anreicherungen, unterworfen. Am wenigsten zuverlässig erscheint in dieser Beziehung der einfache Schachtofen (Kupolofen), und es ist deshalb verständlich, wenn zur Erlangung eines in der Zusammensetzung möglichst gleichmäßig erschmolzenen Gußeisens die sorgfältigste Auswahl der Eisensorten und schärfste Bedienung des Ofens gefordert wird. Den oft großen Schwankungen im Schmelzgang kann durch Anwendung einfacher Hilfsmittel meist abgeholfen werden.

[1]) Die Hüttenwerke: Wasseralfingen, Lauchhammer, Paulinenhütte-Neusalz und Malapane gehen mit gutem Beispiel voran.

Zu diesen Hilfsmitteln gehört auch der sogenannte „Vorherd" oder „Eisensammler", der unmittelbar neben dem Ofenschacht angebracht das flüssige Eisen aufnimmt. Weitere Einzelheiten über den Vorherd sind im Werkstattheft Nr. 10 „Kupolofenbetrieb" von Irresberger gegeben. Ich nehme auf diese Arbeit Bezug und lege meinen Ausführungen den einfachen Schachtofen mit vorgebautem Eisensammler und Schlackenkasten zugrunde, wie ihn Fig. 11 zeigt.

Bei der Abwärtsbewegung der Schmelzsäule im gewöhnlichen Schachtofen wird das Eisen nach und nach immer mehr erhitzt, bis es in der Zone der

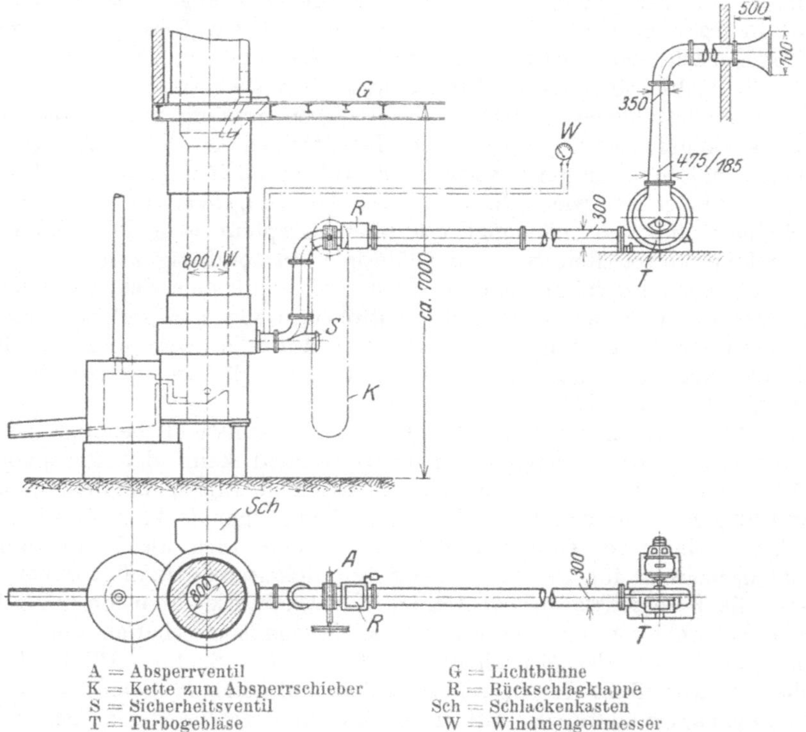

Fig. 11. Normaler Gießerei-Schachtofen (Kupolofen) mit Vorherd und Schlackensammler.

höchsten Temperatur, über den Luftdüsen, verflüssigt wird und in Tropfen durch den glühenden Füllkoks auf den Herd des Ofenschachtes fällt oder in den Eisensammler abläuft. Infolge der Einwirkung der Gase, des Brennstoffes und der Ofenschlacke erleidet das Eisen den bereits erwähnten Schmelzverlust (Abbrand). Die Höhe dieses Verlustes richtet sich nach der zugefügten Satzkoks- und Luftmenge, nach dem Grade der Überhitzung des erschmolzenen Eisens, nach der Durchgangszeit im Ofenschacht, nach Art und Menge der Schlacken, sowie nach der Beschaffenheit und chemischen Zusammensetzung des gesetzten Eisens.

Je nach der Führung des Ofenbetriebes sind die Verluste beim Umschmelzen verschieden. Der Eisen-, Silizium- und Mangananteil erfährt stets eine Abnahme, der Kohlenstoff steigt, wenn nicht durch den Zusatz von Stahlabfällen mit Absicht eine Abnahme des Kohlenstoffes im Eisensatz herbeigeführt wird. Der Phosphorgehalt bleibt fast unverändert, jedoch erfährt der Schwefel je nach der

Güte des Schmelzkoks, der Höhe des Kokssatzes und nach Art und Menge des verwendeten Bruchеisens eine Anreicherung bis zu 50% und mehr des ursprünglichen Gehaltes. Die Abbrandverluste an Silizium und Mangan werden geringer, wenn im Ofen bei genügender Schlackenbildung durch ausreichenden Kalksteinzusatz und nicht zu großer Luftmenge geschmolzen wird; die Verluste werden größer mit steigender Überhitzung des Eisens, bei Luftüberschuß und saurer Schlacke. Der Schmelzverlust im Schachtofen beträgt an:

Eisen etwa 1÷2%,
Silizium „ 10÷15%,
Mangan „ 25÷50%,

je nach der Höhe des Mangangehaltes im Eisensatz.

In den nachstehenden Zahlenreihen (nach Jüngst) ist ein Überblick gegeben, wie sich die Zusammensetzung eines Roheisens bei wiederholtem Umschmelzen im Schachtofen ändert:

Der Einfluß wiederholten Umschmelzens bei Roheisen.
(Analysen nach Jüngst.)

Roheisen	Gesamt-Kohlenstoff %	Graphit %	Silizium %	Mangan %	Phosphor %	Schwefel %
Vor dem Umschmelzen	3,10	2,35	2,30	2,00	0,29	0,03
Nach dem 1. Umschmelzen	3,33	2,73	2,42	1,09	0,31	0,04
„ „ 2. „	3,32	2,57	2,28	0,80	0,32	0,05
„ „ 3. „	3,30	2,48	1,92	0,66	0,27	0,05
„ „ 4. „	3,34	2,54	1,38	0,44	0,30	0,09
„ „ 5. „	3,31	2,16	1,30	0,43	0,30	0,10
„ „ 6. „	3,34	2,08	1,16	0,36	0,28	0,20

Die vorstehenden Zahlen zeigen, wie der Siliziumgehalt des Eisens, wenn er nicht durch entsprechende Zusätze erhöht wird, von Schmelzung zu Schmelzung heruntergeht, und der Schwefel, der unangenehmste Eisenbegleiter, mehr und mehr steigt. Der hohe Mangangehalt hat das Silizium in der ersten Schmelzung vor Abbrand geschützt, in den folgenden Schmelzungen ergibt sich aber eine ständige Abnahme. Mit dem Fallen des Siliziums macht sich auch eine Abnahme des Graphites bemerkbar.

Diese Änderungen im erschmolzenen Roheisen müssen von Fall zu Fall, an Hand der Ergebnisse der Erfolgsanalysen in den jeweiligen Eisenmischungen (Gattierungen) ausgeglichen werden, da sonst ein mehr oder weniger großer Mangel in den Gußerzeugnissen in die Erscheinung tritt. Immer wieder muß also die Wichtigkeit der Mitarbeit des Laboratoriums im Schmelzbetrieb hervorgehoben werden.

In ähnlicher Weise, wie in dem vorgenannten Beispiel, machen sich auch die Verluste und Änderungen im erschmolzenen Eisen infolge der ständigen Wiederverwendung der täglich fallenden Eingüsse, verlorenen Köpfe und des Ausschußgusses bemerkbar. Je nach Art und Menge des erschmolzenen Eisens und der Gußwaren schwankt dieser Anteil von 15÷75% und mehr. Der Verlust an Silizium und Mangan muß also, wenn eine tägliche Wiederverwendung dieses Gießereiabfalleisens durchgeführt werden soll, entsprechend ergänzt und daneben die Schwefelanreicherung soweit wie möglich beseitigt werden.

Neben den Verlusten durch Abbrand im Ofen oder Verschlackung der Eisenbegleiter macht sich noch ein weiterer Eisenverlust bemerkbar, der beim Entleeren des Ofens durch eisenhaltige Schlacke und durch nachlässiges Gießen eintritt. Diese mechanischen Verluste können durch Aufbereitung der Schlacken und sonstige Sparmaßnahmen zum größten Teil vermieden werden, so daß bei einem ordnungsgemäß geführten Betrieb der Gesamtverlust an Eisen nur mit etwa 3÷5% angenommen zu werden braucht. Dabei soll nicht unerwähnt bleiben, daß es Gießereien gibt, die unter 3% Gesamtschmelzverlust bleiben.

F. Die Wirkung der Schmelzzusätze in der Eisenmischung.

1. EK-Pakete (Si-, Mn- und P-Formlinge). Die Eisenmischungen erhalten zur Sicherung der Wirtschaftlichkeit des Schmelzbetriebes und der Gießerei, neben Roheisen und den täglich fallenden Eingüssen, in der Regel erhebliche Anteile an Gußbrucheisen (Kaufbruch)[1], das mit der notwendigen Vorsicht verwendet werden muß. Wie schon gesagt, ist es zweckmäßig, das Gußbrucheisen nach der Anlieferung auszusuchen. Der Schmelzverlust ist z. B. bei Topf- und Ofenbrucheisen recht erheblich.

Unter den heutigen, noch wenig erfreulichen Wirtschaftsverhältnissen ist die Durchführung eines ordnungsgemäßen Schmelzbetriebes außerordentlich schwierig; erprobte einheitliche Sätze für bestimmte Gußwaren sind kaum einzuhalten. Viele Gießereien leben in bezug auf die Belieferung mit Qualitätsroheisen und Schmelzkoks, ganz abgesehen von den zur Zeit fehlenden Aufträgen, immer noch aus der Hand in den Mund, so daß die Eisensätze stets aufs neue den zur Verfügung stehenden Schmelzstoffen angepaßt werden müssen.

Während in der Zeit vor dem Weltkrieg jede Gießerei bei Belieferung mit Schmelzstoffen besondere Wünsche äußern konnte, und die Verwendung von Hilfsstoffen (Zusätzen) meist ablehnte, zwingt heute der Mangel an Qualitätseisen bestimmter Zusammensetzung fast jede Gießerei, das Fehlende durch Zusatzstoffe zu ergänzen. Da kann es als erfreuliche Tatsache bezeichnet werden, daß trotz der Not die Güte der Erzeugnisse des Gießereigewerbes nicht gelitten hat. Erfinderische Köpfe haben rechtzeitig dafür gesorgt, brauchbare Hilfsstoffe, die in vielen Fällen dem Mangel abhelfen, auf den Markt zu bringen. Abgesehen von den Eisenspänebriketts, die seit etwa 15 Jahren in vielen Gießereien verwendet werden, gibt es heute weitere Zusätze, die als notwendige Ergänzung für verschiedene Roheisensorten und Eisensätze nicht mehr entbehrt werden können. In erster Reihe sind dies die sogenannten EK-Pakete (Formlinge) der Maschinenfabrik Eßlingen. Diese Hilfsmittel für den Schmelzbetrieb haben sich bereits in den meisten Gießereien Hausrecht erworben; es sei auf die Einzelheiten über Formlinge dieser Art an anderer Stelle verwiesen.

Zweckmäßig angewendet können diese Formlinge in den meisten Fällen den Mangel an bestimmten Roheisensorten ausgleichen. Es zeigt sich, daß selbst bei Eisenmischungen mit geringsten Anteilen an Roheisen, die Silizium-, Mangan- und Phosphorformlinge eine Auffrischung des Eisens herbeiführen. Besonders die Si-Formlinge haben sich als zuverlässiges Mittel zur Anreicherung siliziumarmer Eisensorten bewährt. Die Formlinge lösen sich erst in der Schmelzzone; im schmelzenden und geschmolzenen Eisen kann das frei werdende Silizium seine verbessernde Wirkung unter Temperaturerhöhung ausüben.

Die Anwendung der Manganformlinge wirkt, abgesehen von der Bindung eines Teiles des Schwefels, auf die Erhöhung der Dichte und Festigkeit des erschmolzenen Eisens. Bei mangelndem Phosphorgehalt im Roheisen finden die

[1]) Es kann allerdings auch eintreten, daß der Preis des Roheisens und der des Gußbruches gleich oder letzterer sogar höher ist.

Phosphorformlinge ebenfalls günstige Verwendung. Bei diesen aus hochwertigen, sehr reinen, im Elektroofen hergestellten Eisenlegierungen, angefertigten Formlingen ist eine Gewähr gegeben, daß lediglich die gewünschten Anreicherungen an Silizium, Mangan oder Phosphor, aber keine schädigenden Einflüsse bemerkbar werden. An Hand einiger Anwendungsbeispiele und Zahlenreihen aus verschiedenen Schmelzversuchen wird das Gesagte in einem späteren Abschnitt noch ergänzt.

2. Stahlabfälle. Über die Bedeutung der Stahlabfälle und Eisenspäneblöcke für den Schmelzbetrieb in der Eisengießerei ist bereits auf Seite 19 einiges gesagt worden. Die Stahlabfälle finden nur in bescheidenem Maße Anwendung, aber der Zweck des Zusatzes, den Kohlenstoff im Gußeisen (unter 3,0%) bzw. die Graphitausscheidung zu verringern und damit die Festigkeit des Gußeisens zu erhöhen, soll hervorgehoben werden. In den auf Seite 36÷38 gegebenen Beispielen über die Herstellung von Zylindergußeisen ist gezeigt, wie die Beeinflussung des Stahlzusatzes im Endergebnis sich bemerkbar macht.

Fig. 12. Gußeisenspänebriketts.

Wie schon erwähnt, ist es nicht gleichgültig, welche Art Stahlschrott und Flußeisen im Schachtofen verwendet wird. Dünne Blechabfälle, verrosteter Kleinschrott usw. sind als Zusatz nicht geeignet; sie gehören in den Stahlofen oder besser noch in den Hochofen. Bei erhöhtem Stahlschrottzusatz hat die oxydierende Wirkung des Schmelzofenganges einen größeren Abbrand an Silizium im Gefolge. Es müssen dementsprechend Zusätze an Siliziumeisen, Silizium- oder Manganformlinge beigegeben werden. Daß ein höherer Stahlzusatz als 30% im Schachtofen für Gußeisen nicht angebracht ist, wurde schon gesagt; dazu kommt, daß die Gleichmäßigkeit des mit Stahlschrottzusatz erschmolzenen Gußeisens infolge mangelhafter Mischung oft zu wünschen übrigläßt.

3. Spänebriketts. Eine Sonderstellung unter den Schmelzzusätzen nehmen die Gußeisen- und Stahlspäneblöcke, „Spänebriketts" (Fig. 12) ein. Nachdem erkannt wurde, daß diese Späneblöcke eine ähnliche Wirkung wie die Stahlabfälle ausüben, werden sie, in abgepaßten Mengen, jeweils den Eisensätzen, besonders für hochwertiges Maschinengußeisen mit größerer Festigkeit, zugefügt.

Die Verwendung der Spänebriketts hatte vor dem Weltkriege bereits einen erheblichen Umfang erreicht. Durch die wirtschaftliche Umstellung im letzten Jahrzehnt ist zwar die Bedeutung der Späneblöcke für die Eisen- und Stahlgießereien etwas in den Hintergrund gedrängt worden, doch durch das neue Heißbrikettierverfahren (nach Waldmann), mit dem eine wesentlich höhere Leistungsfähigkeit in bezug auf Menge und Güte der Briketts erzielbar ist, wenden die Gießereien mit erneuter Aufmerksamkeit diese Schmelzzusätze wieder an.

Die nach dem Heißbrikettierverfahren hergestellten Späneblöcke sind dichter und spezifisch schwerer als die bisher im einfachen Preßverfahren hergestellten Briketts. Diesen neuen Briketts, die aus Stahlspänen hergestellt werden, ist der Name „Späne-Blockschrott" gegeben.

Maschinenfabriken mit angeschlossenen Gießereien bringen der Verwendung der Gußeisen- und Stahlspäne besondere Aufmerksamkeit entgegen; es zeigt sich als lohnend, in geeigneten Bezirken mit größerem Späneabfall Anlagen zum Verblocken der Späne, die dann im Schacht- oder Flammofen eingeschmolzen werden können, zu errichten. Die Verwendung der Späneblöcke ist dadurch erleichtert, daß durch das Entschwefelungsverfahren die früher bei Gußeisenspänen bemerkbar gewordene Schwefelanreicherung beseitigt werden kann und daß beim Mangel an Silizium durch die Si-Formlinge ein Ausgleich möglich ist.

Durch Versuche (von Wüst und anderen namhaften Fachleuten) ist bestätigt worden, daß das Briketteisen wertvolle Eigenschaften besitzt, die durch richtige Anpassung der Zusätze zur Geltung kommen. In der nachfolgenden Zahlentafel sind die Ergebnisse der Schmelzversuche mit Briketteisenzusatz von Wüst wiedergegeben.

Schmelzversuche mit Briketteisenzusatz nach Wüst:

Versuch	Brikettzusatz	Biegefestigkeit		Zugfestigkeit	Schlagfestigkeit	Härte nach Brinell	Analysen					Brikettabbrand	Schlackenmenge auf 100 kg gesetzten Eisens	Temp. d. Eisens in d. Rinne
		kg/mm²	Durchbiegung				Silizium	Mangan	Phosphor	Schwefel	Abbrand			
Nr.			mm	kg/mm²	mkg		%	%	%	%	%	%	%	°
I	0	26,45	21,32	15,35	9,75	161,3	1,79	0,78	0,536	0,042	1,34	—	5,76	1235
II	5	26,87	21,37	15,62	10,42	161,8	1,74	0,73	0,510	0,043	1,69	7,0	5,97	1246
III	10	27,13	20,95	15,80	12,30	168,0	1,51	0,74	0,568	0,056	2,05	7,1	6,33	1259
IV	15	29,34	22,19	18,43	12,75	176,8	1,50	0,72	0,565	0,060	2,37	8,2	6,68	1262
V	20	34,59	24,67	21,10	19,90	183,9	1,50	0,69	0,479	0,056	3,58	8,3	7,33	1290

Aus den vorstehenden Zahlen ergibt sich, daß die Biegefestigkeit bei größerem Brikettzusatz (bis 35%) erhöht wird; auch die Durchbiegung nimmt zu, ebenso wird die Zerreißfestigkeit wesentlich, zum Teil über 50%, verbessert. Die Schlagfestigkeit steigt unregelmäßig und die Härte nimmt in geringem Maße zu. Die Lunkerbildung wird erschwert, aber es zeigt sich eine Neigung zum Weißwerden, so daß also eine Erhöhung des Siliziumgehaltes angestrebt werden muß. Demnach ist in den Spänebriketts ein Mittel gegeben, das geeignet ist, bei starkwandigen Gußstücken die in der Regel nicht genügenden Festigkeitseigenschaften wesentlich zu steigern, wobei der Wandstärke der Gußstücke nach der Brikettzusatz vermehrt werden kann. Von Fichtner, Leber, Leyde, Mehrtens, Schott u. a. sind die Angaben bestätigt worden. Es ist nachgewiesen, daß eine wirtschaftliche Verwendung der Gußeisen- und Stahlspäne im Schachtofen durch die Brikettierung möglich ist.

Es sei erwähnt, daß Brikettierungsanlagen in Chemnitz, Geislingen, Berlin, Cassel, Gelsenkirchen, Siegen, Wien, Prag usw. in Betrieb sind. Weitere Anlagen nach dem Warmbrikettierungsverfahren befinden sich in Vorbereitung.

Fig. 13 zeigt die Raumverminderung bei der Brikettierung von Spänen, da das Brikett in der Mitte dieselbe Spänemenge enthält wie der lose Haufen links oder der Zylinder rechts.

G. Die Berechnung des Eisensatzes.

Als Grundlage für die Berechnung des Eisensatzes muß zunächst die chemische Zusammensetzung der betreffenden Gußstücke festgelegt werden. Diese ist, wie bereits in den vorhergehenden Abschnitten ausgeführt, dem jeweils in Frage kommenden Verwendungszweck und den Wandstärken anzupassen.

Es ist dann zu prüfen, welche Eisensorten in der notwendigen Einsatzmenge, dem Vorrat entsprechend, verwendet werden können, besonders ist dabei zu untersuchen, in welchem Umfange Gußbrucheisen und Stahlschrott zur Verbilligung des Eisensatzes gestattet sind.

Je nach den verlangten Si-, Mn-, P- und S-Gehalten sind dann die einzelnen Eisensorten ihrer Anpassungsfähigkeit nach anteilig im Eisensatz festzulegen und durch Berechnung die Bestandteile zu regeln. Durch spätere Analysen kann der Satz verbessert oder richtiggestellt werden.

Genügen die vorhandenen Eisensorten für bestimmte Sätze nicht, müssen die Mängel, wie schon gesagt, mit Zusätzen von Eisenlegierungen, EK-Formlingen usw. beseitigt werden.

Die Berechnung der Eisenmischungen erfolgt an Hand einfacher Gleichungen. Soll ein Gußeisen z. B. 2,60% Si enthalten und wird ein Si-Abbrand von 10% angenommen, so ergibt sich der gesuchte Si-Gehalt X nach der Gleichung:

$$2{,}60 = X\left(\frac{100-10}{100}\right),\ \text{also}\ X = 2{,}60\left(\frac{100}{100-10}\right) = 2{,}88\,\%.$$

In derselben Weise werden auch die Gehalte der anderen Bestandteile ermittelt. Nach Möglichkeit wird der Eisengießer die Verwendung mehrerer Eisensorten in seinen Mischungen aufrechterhalten. Das Hämatiteisen bildet in der Regel die Grundlage, besonders bei Maschinengußeisen, und daneben geben die Gießereiroheisen I und III, sowie das Luxemburger Roheisen die Ergänzungen. Tag für Tag wird je nach der Art der Gußwaren der Entfall an Trichter und sonstigem Abfalleisen zugesetzt und, um wirtschaftlich zu arbeiten, möglichst reichliche Mengen an Kaufbrucheisen. Je nach den Ansprüchen, die an die Gußstücke gestellt werden, sind unter Anwendung der notwendigen Vorsichtsmaßregeln die Eisenmischungen zu ergänzen.

Fig. 13. Raumverminderung bei Brikettierung.

Einige Beispiele aus der Praxis des Schmelzbetriebes werden das Gesagte verständlicher machen.

1. Gußeisen für einfache Baugußteile (Säulen usw.). Verlangt wird: Si = 1,80, Mn = 0,70, P = 1,00, S = 0,10%. Zur Verfügung stehen: Gießereiroheisen III, Luxemburger Roheisen III und Maschinenbrucheisen.

Einsatz kg	Eisensorte	Silizium %	Silizium kg	Mangan %	Mangan kg	Phosphor %	Phosphor kg	Schwefel %	Schwefel kg
300	Gießereiroheisen III . .	2,25	6,75	0,85	2,55	0,90	2,70	0,04	0,12
150	Luxemb. Roheisen III	2,50	3,75	0,80	1,20	1,50	2,25	0,04	0,06
300	Maschinenbrucheisen .	1,85	5,55	0,70	2,10	0,80	2,40	0,11	0,33
250	Eingüsse usw.	1,90	4,75	0,70	1,75	0,85	2,12	0,10	0,25
1000 kg Satzgewicht enthalten			20,80		7,60		9,47		0,76
nach Rechnung		2,08		0,76		0,95		0,076	
Die Analyse dieses Eisens ergab		1,80		0,64		0,94		0,12	

Demnach hatte der Si-Gehalt um etwa 10, der Mn-Gehalt um etwa 15% abgenommen, der P-Gehalt war gleichgeblieben und der S-Gehalt um etwa 50% angereichert. Da diese Ab- bzw. Zunahmen an Si, Mn, P und S als normal anzusehen sind, so sollen sie in allen folgenden Beispielen eingesetzt werden.

2. Maschinengußeisen mit mittlerer Festigkeit. Verlangt wird: Si = 1,75, Mn = 0,60, P = 0,60, S unter 0,10%. Zur Verfügung stehen: Hämatit Kraft, Buderus III, Luxemburger Roheisen III, Maschinenbrucheisen, Stahlabfälle.

Einsatz kg	Eisensorte	Silizium %	Silizium kg	Mangan %	Mangan kg	Phosphor %	Phosphor kg	Schwefel %	Schwefel kg
100	Hämatit Kraft	3,00	3,00	1,00	1,00	0,08	0,08	0,01	0,01
275	Buderus III	2,00	5,50	0,70	1,93	0,60	1,65	0,03	0,08
100	Luxemburger Roheis. III	2,00	2,00	0,70	0,70	1,60	1,60	0,04	0,04
150	Maschinenbrucheisen .	1,85	2,78	0,70	1,05	0,80	1,20	0,11	0,17
300	Eingüsse u. eig. Bruch .	2,20	6,60	0,70	2,10	0,50	1,50	0,12	0,36
75	Stahlabfälle	0,10	0,08	0,40	0,30	0,10	0,08	0,10	0,08
1000 kg Satzgewicht enthalten			19,96		7,08		6,11		0,74
nach Rechnung		2,00		0,71		0,61		0,074	
Ab- bzw. Zunahme . .		— 0,20		— 0,10		—		+0,037	
Berechnet		1,80		0,61		0,61		0,111	
Analyse		1,70		0,65		0,60		0,11	

3. Maschinengußeisen für Stücke mit starken Wandungen. Verlangt wird: Si = 1,40, Mn = 1,00, P = 0,40, S = 0,12%. Zur Verfügung stehen: Hämatit Krupp, Buderus I, Schalker III, Mn-Eisen 10%, Maschinenbruch I, Stahlabfälle.

Einsatz kg	Eisensorte	Silizium %	Silizium kg	Mangan %	Mangan kg	Phosphor %	Phosphor kg	Schwefel %	Schwefel kg
150	Hämatit Krupp . . .	3,00	4,50	1,10	1,65	0,08	0,12	0,02	0,03
100	Buderus I	3,40	3,40	1,20	1,20	0,50	0,50	0,02	0,02
150	Schalker III	2,20	3,30	0,75	1,13	0,70	1,05	0,04	0,06
50	Mn-Eisen 10%	0,40	0,20	10,00	5,00	0,06	0,03	0,03	0,02
200	Maschinenbruch I. . .	1,30	2,60	0,80	1,60	0,80	1,60	0,12	0,24
100	Eingüsse u. eig. Bruch .	1,20	1,20	0,70	0,70	0,40	0,40	0,10	0,10
250	Stahlabfälle	0,25	0,63	0,60	1,50	0,10	0,25	0,10	0,25
1000 kg Satzgewicht enthalten			15,83		12,78		3,95		0,72
nach Rechnung		1,58		1,28		0,39		0,072	
Ab- bzw. Zunahme . .		— 0,16		— 0,18		—		+0,036	
Berechnet		1,42		1,10		0,39		0,108	
Analyse		1,38		1,12		0,39		0,125	

4. Maschinengußeisen für Stücke mit dünnen Wandungen. Verlangt wird: Si = 2,80, Mn = 0,70, P = 0,60, S = 0,10, C = 3,40%. Zur Verfügung stehen: Buderus I, Zylinderbrucheisen, Maschinenbrucheisen I, Si-Formlinge.

Einsatz kg	Eisensorte	Silizium %	Silizium kg	Mangan %	Mangan kg	Phosphor %	Phosphor kg	Schwefel %	Schwefel kg	Kohlenstoff ges. %	Kohlenstoff ges. kg	Kohlenstoff graph.	Temp. in C°
100	Buderus I . . .	3,40	3,40	1,03	1,03	0,63	0,63	—	—	3,50	3,50		
100	Zylinderbruch. .	1,60	1,60	0,70	0,70	0,60	0,60	0,09	0,09	3,40	3,40		
150	Masch.-Bruch I .	1,90	2,85	0,60	0,90	0,80	1,20	0,09	0,13	3,40	5,10		
150	Eingüsse usw. . .	2,60	3,90	0,70	1,05	0,60	0,90	0,09	0,15	3,30	4,95		
	3 Si-Formlinge .		3,00										
500 kg Satzgewicht enthalten nach Rechnung		2,95	14,75	0,74	3,68	0,66	3,33	0,075	0,37	3,39	16,95		
Werte der Analysen:													
1. Abstich		2,96		0,64		0,72		0,098		3,30		3,05	1220
2. „		2,98		0,65		0,71		0,094		3,32		3,12	1240
3. „		2,59		0,60		0,80		0,094		3,30		3,10	1240
4. „		2,91		0,64		0,72		0,090		3,29		3,09	1250
5. „		2,68		0,62		0,76		0,088		3,31		3,11	1270
6. „													
Entnahme bei 12000 kg		3,10		0,60		0,72		0,086		3,27		3,12	1270

Es ergibt sich im Durchschnitt für den Si-Gehalt 2,87 und für den Mn-Gehalt 0,62 %, so daß also der Si-Gehalt mit etwa 3 % und der Mn-Gehalt mit etwa 14 % Abbrand gerechnet werden kann. Das günstige Ergebnis der geringen Si-Abnahme ist auf die Einwirkung der Si-Formlinge zurückzuführen.

5. Maschinengußeisen für Stücke mit mittelstarken Wandungen. Verlangt wird: Si = 2,5, Mn = 0,7, P = 0,60, S = 0,10 %. Zur Verfügung stehen: Hämatitroheisen, Deutsch I und III, Siegener grau, Siliziumeisen 10 %, Si- und Mn-Formlinge, Maschinenbrucheisen.

1. Satz: mit Silizium- und Mangan-Roheisen.

Einsatz kg	Eisensorte	Silizium %	Silizium kg	Mangan %	Mangan kg	Phosphor %	Phosphor kg	Schwefel %	Schwefel kg
50	Hämatit-Roheisen. . .	3,00	1,50	1,00	0,50	0,08	0,04	0,06	0,03
50	Deutsch I	2,80	1,40	1,00	0,50	0,60	0,30	0,04	0,02
50	„ III	2,40	1,20	0,70	0,35	0,90	0,45	0,06	0,03
50	Siegener grau	2,00	1,00	0,60	0,30	0,40	0,20	0,02	0,01
25	Siliziumeisen 10 % . .	10,00	2,50	1,90	0,48	0,17	0,04	0,02	0,005
75	Maschinenbruch . . .	1,90	1,42	0,70	0,53	0,80	0.60	0,10	0,075
200	Eingüsse, eig. Bruch .	2,30	4,60	0,70	1,40	0,60	1,20	0,09	0,180
500 kg Satzgewicht enthalten			13,62		4,06		2,83		0,350
	nach Rechnung	2,72		0,80		0,56		0,07	
	Ab- bzw. Zunahme . .	– 0,27		– 0,12		—		+0,035	
	Berechnet	2,45		0,68		0,56		0,105	
	Analyse	2,55		0,72		0,58		0,101	

2. Satz: mit Si- und Mn-Formlingen.

Einsatz kg	Eisensorte	Silizium %	Silizium kg	Mangan %	Mangan kg	Phosphor %	Phosphor kg	Schwefel %	Schwefel kg
50	Hämatit-Roheisen. . .	3,00	1,50	1,00	0,50	0,08	0,04	0,06	0,03
50	Deutsch I	2,80	1,40	1,00	0,50	0,60	0,30	0,05	0,02
50	„ III	2,40	1,20	0,70	0,35	0,90	0.45	0.06	0,03
150	Maschinenbruch . . .	1,90	2.85	0.70	1,05	0,80	1,20	0,10	0,15
200	Eingüsse, eig. Bruch .	2 30	4,60	0,70	1,40	0,50	1,00	0,09	0,18
500 kg Satzgewicht enthalten			11,55		3,80		2,99		0,41
	Ab- bzw. Zunahme . . .		– 1,15		— 0,57		—		+ 0,20
	Berechnet		10,40		3,23		2,99		0,61
	2 Si-Formlinge		2,00						
	1 Mn-Formling		0,50		0,50				
	Berechnet	2,58	12,90	0,74	3,73	0,60	2,99	0,12	0,61
	Analyse	2,60		0,70		0,62		0,11	

6. Nähmaschinengußeisen. Verlangt wird: Si = 3,00, Mn = 0,70, P = 1,00, S = 0,05 %. Zur Verfügung stehen: Hämatitroheisen, Deutsch III, Si- und P-Formlinge, Maschinenbrucheisen.

Einsatz kg	Eisensorte	Silizium %	Silizium kg	Mangan %	Mangan kg	Phosphor %	Phosphor kg	Schwefel %	Schwefel kg
60	Hämatitroheisen . . .	3,40	2,04	1,00	0,60	0,08	0,048	0,06	0,036
60	Deutsch I	2,60	1,56	0,80	0,48	0,60	0,36	0,04	0,024
230	Maschinenbrucheisen .	2,00	4,60	0,80	1,84	0,70	1,61	0,12	0,276
250	Eingüsse usw.	2,70	6,75	0,70	1,75	0,80	2,00	0,05	0,125
600 kg Satzgewicht enthalten			14,95		4,67		4,018		0,461
	Ab- bzw. Zunahme . . .		1,50		0,70		—		0,230
	Berechnet		13,45		3,97		4,02		0,691
	2 P-Formlinge		—		—		2,00		—
	3 Si-Formlinge		3,00		—		—		—
			16,45		3,97		6,02		0,691
	Berechnet	2,74		0,66		1,00		0,115	
	Analyse	2,95		0,68		0,99		0,06	

Das Eisen wurde entschwefelt.

7. Maschinengußeisen mit hoher Festigkeit. Verlangt wird: Si = 1,00, Mn = 0,80, P = 0,20, S = 0,08, C_{ges} = 3,00 %. Zur Verfügung stehen: Hämatitroheisen, Stahlabfälle, Mn-haltiges Maschinenbrucheisen.

Einsatz kg	Eisensorte	Silizium %	Silizium kg	Mangan %	Mangan kg	Phosphor %	Phosphor kg	Schwefel %	Schwefel kg	Kohlenstoff ges. %	Kohlenstoff ges. kg
125	Hämatitroheisen . . .	3,10	3,88	0,98	1,22	0,08	0,10	0,031	0,039	3,95	4,950
175	Stahlabfälle	0,04	0,07	0,50	0,88	0,05	0,09	0,050	0,090	0,10	0,175
200	Mn-halt. Masch.-Br.-E.	0,43	0,86	1,60	3,20	0,26	0,52	0,066	0,132	3,68	7,360
500 kg Satzgewicht enthalten			4,81		5,30		0,71		0,261		12,485
	nach Rechnung	0,96		1,06		0,14		0,052		2,5	
	Werte der Analysen:										
	1. Abstich	0,99		0,71		0,25		0,097		3,34	
	2. „	0,75		0,83		0,15		0,092		3,26	
	3. „	0,62		0,77		0,11		0,094		3,11	
	4. „	0,63		0,82		0,13		0,083		3,11	
	5. „	0,24		0,49		0,14		0,113		2,58	
	Durchschnittswerte	0,65		0,72		0,16		0,096		3,08	

Das Eisen wurde in einem Schachtofen von etwa 800 mm Durchmesser mit doppelter Düsenreihe bei 10 % Satzkoks und etwa 100 m³ Luftmenge in der Minute erschmolzen. Die Temperatur betrug etwa 1400°, das Eisen war also sehr heiß erschmolzen. Die Ungleichmäßigkeit in der Zusammensetzung der einzelnen Abstiche ließ sich nicht vermeiden, das Eisen mußte in der Pfanne umgerührt werden.

Aus den Analysen ist zu ersehen, daß die Stahlabfälle später geschmolzen sind; es hat eine Kohlenstoffanreicherung und eine erhebliche Abnahme des Si- und Mn-Gehaltes stattgefunden, der P- und S-Gehalt hat sich nicht geändert.

Die Einwirkung eines Zusatzes von Gußeisenspänebriketts zeigen die folgenden Eisensätze:

8. Gußeisen für große Rohrformstücke: Wandstärke 25 ÷ 40 mm. Verlangt wird: Si = 1,80 ÷ 2,00, Mn = 0,50 ÷ 0,60, P = 0,9 ÷ 1,1, S = 0,10, C_{ges} = 3,5 %. Zur Verfügung stehen: Hämatitroheisen, Luxemburger Roheisen III, Maschinenbrucheisen, Gußspänebriketts bekannter Zusammensetzung.

Der höhere P-Gehalt ist erforderlich, um ein möglichst dünnflüssiges Eisen zu erzielen. Es werden normale Festigkeiten verlangt.

1. Satz ohne Briketteisen.

Einsatz kg	Eisensorte	Silizium %	Silizium kg	Mangan %	Mangan kg	Phosphor %	Phosphor kg	Schwefel %	Schwefel kg	Gesamtkohlenstoff %	Gesamtkohlenstoff kg
100	Hämatitroheisen . . .	3,10	3,10	0,80	0,80	0,09	0,09	0,04	0,04	3,90	3,90
150	Luxemb. Roheisen III .	2,20	3,30	0,70	1,05	1,80	2,70	0,01	0,02	3,60	5,40
125	Maschinenbrucheisen .	2,30	2,88	0,60	0,75	1,00	1,25	0,12	0,15	3,70	4,63
125	Eingüsse usw.	2,00	2,50	0,66	0,83	1,20	1,50	0,11	0,14	3,70	4,63
500 kg Satzgewicht ent-			11,78		3,43		5,54		0,35		18,56
halten nach Rechnung		2,35		0,68		1,108		0,07		3,71	
Analyse		2,01		0,65		1,123		0,108		3,69	

Ergebnisse der Probestäbe:		a)	b)	c)
	Biegefestigkeit	27,50	30,50	31,00
	Zerreißfestigkeit	15	16	17
	Durchbiegung in mm	13	13	13

2. Satz mit 15% Briketteisen.

Einsatz kg	Eisensorte	Silizium %	Silizium kg	Mangan %	Mangan kg	Phosphor %	Phosphor kg	Schwefel %	Schwefel kg	Gesamtkohlenstoff %	Gesamtkohlenstoff kg
100	Hämatitroheisen . . .	3,10	3,10	0,80	0,80	0,09	0,09	0,04	0,04	3,90	3,90
100	Luxemb. Roheisen III .	2,20	2,20	0,70	0,70	1,80	1,80	0,01	0,01	3,60	3,60
200	Maschinenbrucheisen .	2,30	2,30	0,60	0,60	1,00	1,00	0,12	0,12	3,70	3,70
125	Eingüsse usw.	2,00	2,50	0,66	0,83	1,20	1,50	0,11	0,14	3,70	4,63
75	Gußspänebriketts . . .	1,80	1,35	0,70	0,53	1,20	0,90	0,12	0,09	3,50	2,62
500 kg Satzgewicht ent-			11,45		3,46		5,29		0,40		18,45
halten nach Rechnung		2,29		0,69		1,058		0,080		3,69	
Analyse		1,82		0,48		1,126		0,107		3,65	

Ergebnisse der Probestäbe:		a)	b)	c)
	Biegefestigkeit	32,5	32,0	33,5
	Zerreißfestigkeit	20	19,5	18,5
	Durchbiegung in mm	12,5	12,5	12,5

3. Satz mit 20% Briketteisen.

Einsatz kg	Eisensorte	Silizium %	Silizium kg	Mangan %	Mangan kg	Phosphor %	Phosphor kg	Schwefel %	Schwefel kg	Gesamtkohlenstoff %	Gesamtkohlenstoff kg
75	Hämatitroheisen . . .	3,10	2,32	0,80	0,60	0,09	0,07	0,04	0,03	3,90	2,93
100	Luxemb. Roheisen III .	2,20	2,20	0,70	0,70	1,80	1,80	0,01	0,01	3,60	3,60
100	Maschinenbrucheisen .	2,30	2,30	0,60	0,60	1,00	1,00	0,12	0,12	3,70	3,70
125	Eingüsse usw.	2,00	2,50	0,66	0,83	1,20	1,50	0,11	0,14	3,70	4,63
100	Gußspänebriketts . . .	1,80	1,80	0,70	0,70	1,20	1,20	0,12	0,12	3,50	3,50
500 kg Satzgewicht ent-			11,12		3,43		5,57		0,42		
halten nach Rechnung		2,22		0,68		1,114		0,084		3,67	18,36
Analyse		1,69		0,52		1,101		0,101		3,48	

Ergebnisse der Probestäbe:		a)	b)	c)
	Biegefestigkeit	35,5	34,5	33,0
	Zerreißfestigkeit	23,7	23,0	23,6
	Durchbiegung in mm	10,5	10,5	10,5

Es ist nicht schwer, an Hand der Zahlenreihen weitere Berechnungen auf zustellen, doch muß der Gießer den Betriebsverhältnissen Rechnung tragen und seine Eisenmischungen (Gattierungen) der Eigenart des Schmelzofens so gut wie möglich anpassen. Für die Analyse und Festigkeit des erschmolzenen Eisens ergeben die neuen Schmelzverfahren bzw. Schmelzöfen oft andere Werte wie die Schmelzung im einfachen Schachtofen bekannter Bauart.

Das Eisen muß so heiß wie möglich erschmolzen werden; insbesondere bei Qualitätsgußeisen ist eine Temperatur von 1300 bis 1400° zu erstreben. Da das Auge oft täuscht, ist die Beobachtung mit Pyrometer notwendig. Ein übertrieben beschleunigter Schmelzgang bei Temperaturen über 1400°, wie er z. B. in den Öfen mit Lufterhitzern möglich ist, ergibt, selbst bei hohen Stahlzusätzen im Schachtofen, ein Eisen mit höheren Kohlenstoffgehalten.

Die richtige Wartung der Schmelzanlage ist also mit ausschlaggebend für den Erfolg der Schmelzung, deshalb verdienen die Leitsätze im Abschnitt VIII besondere Beachtung.

Es sei noch kurz erwähnt, daß natürlich auch durch falschen Entwurf oder unrichtige Ausführung der Modelle (s. Heft 14 u. 17 dieser Sammlung), sowie durch ein verfehltes Form- oder Gießverfahren allerlei Fehlguß oder Ausschuß entsteht. (Bemerkenswerte Hinweise für die Beseitigung dieser Mängel bringen die vom Deutschen Ausschuß für technisches Schulwesen in Berlin NW 7 herausgegebenen Lehrtafeln „Falsch und Richtig" für die Ausbildung der Lehrlinge in der Eisengießerei.)

VI. Die Bedeutung des Entschwefelungs-, Entgasungs- und Desoxydationsverfahrens für die Herstellung von hochwertigem Gußeisen.

Die seit den Kriegsjahren in den Gießereibetrieben mehr oder weniger stark fühlbare Not an Qualitätsroheisen und Schmelzkoks hat die Lösung der Frage der Entschwefelung und Eisenreinigung in den Vordergrund gestellt. Die traurigen Wirtschaftsverhältnisse haben unsere Hüttenwerke gezwungen, minderwertige Eisenerze und daneben größere Mengen an Schrott (Alteisen) zu verarbeiten, so daß dadurch auch eine Anreicherung an Schwefel im Roheisen eingetreten ist. Da außerdem der Schmelzkoks einen höheren Gehalt an Asche und Schwefel enthält (weil die besseren Qualitätskohlensorten von unseren früheren Gegnern geholt werden), machen sich die unangenehmen Folgen der lästigen Beimengungen in den Gießereierzeugnissen oft bemerkbar. Um diesem Übelstand abzuhelfen, sind verschiedene Maßnahmen im Schmelzbetrieb getroffen worden. Die Zuschläge an Kalkstein wurden erhöht, ein Teil Kalkstein durch Flußspat ersetzt, basische Schlacken wurden im Ofen zugegeben und durch die Erhöhung des Mangangehaltes im Eisensatz der Schwefelanreicherung entgegengearbeitet. Diese Versuche brachten nur teilweise Erfolge, erst die Erfindung von Walter zeigte einen besseren Weg.

1. Entschwefelung nach Walter. Der Gedanke an die Entschwefelung des Gußeisens und an die Reinigung oder Veredelung des erschmolzenen Eisens überhaupt liegt weit zurück. Seit Jahrzehnten sind von namhaften Fachleuten Versuche aller Art gemacht worden, doch erst in neuester Zeit, als bereits die Si-Formlinge der Maschinenfabrik Eßlingen sowie ähnliche Erzeugnisse auf den Markt kamen, wurde durch Walter eine neue Anregung gegeben.

Walter verwendet zum Entschwefeln des Gußeisens ein leicht und schnell schmelzbares Gemisch von Alkali- und Erdalkalisalzen, das ein starkes Lösungsvermögen für die im Gußeisen befindlichen Sulfide besitzt. Die Anwendung dieses Mittels verlangt ein von der Ofenschlacke befreites Eisen. Gelingt es, diese Schlacke restlos zurückzuhalten, dann kann dieses Mittel schon beim Einlaufen des Eisens in die Gießpfanne zugegeben werden; andernfalls muß jede Pfanne vor dem Einbringen des Mittels entschlackt werden.

Nach Beendigung des Entschwefelungsvorganges wird die dünnflüssige Schlacke durch gemahlenen Kalkstein verdickt, damit sie sich leicht abkrampen läßt. Bei größerem Pfanneninhalt ist die Anwendung dieses Verfahrens ohne weiteres durchführbar, bei kleinen Pfannen bietet die Entschwefelung jedoch gewisse Schwierigkeiten, weil Temperaturverluste nicht zu vermeiden sind und hierdurch die Vergießbarkeit des Eisens beeinträchtigt wird.

Über die Wirkungsweise des Entschwefelungsmittels ist in allen Fachzeitschriften berichtet worden; es sind auch Zahlenwerte der Analysen des erschmolzenen Eisens veröffentlicht worden, die die Wirkung der Zusätze bestätigen. Eine Zahlentafel, die von Emmel aufgestellt wurde (1921), sei hier wiedergegeben:

Ergebnis der Untersuchung von entschwefeltem Gußeisen nach dem Verfahren Walter:

Zusatz %	Pfannen-inhalt t	Pfannenfutter	Schlacken-verdichtung	Schwefel- Gehalt %	 Ab-nahme %	Probe, entnommen von
ohne	4	Schamottesteine (75% SiO_2)	Koksgruß	0,152		
0,5 ohne	14	„	Kalk	0,057 0,099	62,5	Pfannenrest
0,5 ohne	2×15	„	„	0,046 0,140	53,5	Pfannenoberfläche
0,5 ohne	3	Schamottesteine (60% SiO_2)	Koksgruß	0,038 0,106	72,9	Pfannenrest
0,5 ohne	15	„	„	0,046 0,104	56,6	„
0,5 ohne	10	Bottroper Sand	Kalk	0,044 0,133	57,7	Pfannenoberfläche
1 ohne	2,5	„	Kalkmehl	0,036 0,133	72,2	„
1 ohne	2×15	Schamottesteine (75% SiO_2)	Koksgruß	0,054 0,111	59,4	Pfannenrest
1 ohne	2,5		Kalk und Koks	0,025 0,165	77,5	Pfannenoberfläche
1 ohne	1	Bottroper Sand	Kalkmehl	0,043 0,107	73,9	Pfannenrest
1,2				0,036	66,4	Pfannenoberfläche

Die vorstehenden Zahlen zeigen, daß eine Entschwefelung des Eisens in der Gießpfanne bis zu 77,5 % möglich wurde. Nach den aus verschiedenen Gießereien vorliegenden Betriebszahlen bestätigt es sich, daß mit dem Walterschen Entschwefelungsmittel eine wesentliche Verbesserung des erschmolzenen Gußeisens eintritt. Durch die bedeutende Schwefelabnahme geht die Lunkerbildung zurück, so daß bei manchen Gußstücken, z. B. Walzen und ähnliche Körper, Ersparnisse durch Verkleinerung der verlorenen Köpfe erzielt werden.

Mit der Verringerung des Schwefelgehaltes nimmt natürlich auch die Gefahr von Fehlgüssen durch Schwefelausscheidung ab, die Gußstücken (z. B. Lokomotivzylinder) leicht verhängnisvoll werden kann. Die Gießpfannen werden mit einem tonerdereichen (basischen) Futter ausgestampft, getrocknet und geschwärzt. Die Schwefelschlacke darf nicht mit Formsand oder Mauersand verdickt werden, da durch den Kieselsäuregehalt dieses Sandes eine Rückschwefelung eintritt. Es ist notwendig, daß das Entschwefelungsmittel trocken aufbewahrt wird; wenn möglich, soll es vor der Verwendung auf dem Vorherd des Schmelzofens oder in der Trockenkammer vorgewärmt werden und es empfiehlt sich auch, die Briketts vor dem Gebrauch zu zerschlagen.

Das nach dem Walterschen Verfahren behandelte Gußeisen zeigt, daß nicht nur eine kräftige Entschwefelung, sondern auch eine Entgasung und Desoxydation des Eisens eintritt. Analysen von je vier Gußproben, die Prof. Oberhoffer in Aachen untersuchte, ergaben folgende Werte:

Gußeisen Sorte	Schwefel %	cm³ Gas auf 100 g Eisen					Härte
		CO_2	CO	H_2	N_2	Gesamt	
A 1	0,096	4,43	49,27	31,78	—	85,58	315
B 1	0,052	1,35	10,34	31,16	1,20	44,05	293
A 2	0,089	4,13	45,42	11,58	3,79	64,92	320
B 2	0,056	0,93	33,60	10,32	1,07	45,92	291

Dabei sind A die unbehandelten, B die nach Walter behandelten Proben. Es verringerte sich also bei den Proben 1 der Schwefelgehalt um 45,8%, der Gasgehalt um 48,60% des ursprünglichen Betrages, und bei den Proben 2 um **37,1 bzw. 29,2%**

2. Die Entschwefelung im Vorherd. Die weitere Entwickelung des Entschwefelungsverfahrens setzte ein, als das Walter-Mittel im Vorherd (Eisensammler) des Schachtofens angewendet wurde. Zu diesem Zweck wird zwischen dem Ofenschacht und dem Vorherd ein Überlauf nach Dürkopp-Luyken-Rein angeordnet (s. Fig. 11 Seite 44).

Dieser Überlauf läßt das Eisen in den Vorherd eintreten, hält dagegen die Schlacke im Ofen zurück. Seine Abmessungen sind von Fall zu Fall genau zu bestimmen. Bei Öfen mit sehr tiefliegender Schmelzzone kann der Überlauf in den Vorherd gelegt werden. Hierzu hat Ing. Rein, Hannover, eine besondere Anordnung getroffen.

3. Nutzen der Entschwefelung. Bei Verwendung von etwa 0,3÷0,5% Entschwefelungsmittel Walter ist es möglich, den Schwefelgehalt des Eisens im Vorherd auf 0,05÷0,07% zu erniedrigen. Bei diesen Schwefelgehalten zeigt das Eisen eine günstige Dünnflüssigkeit und die Eigenschaft, nicht in dem Maße nachzusaugen und zu lunkern, wie bei höheren Schwefelgehalten. Deshalb ist es nicht immer notwendig, bei scharfen Übergängen in den Wandungen oder Querschnitten Abschreckplatten (Kokillen) als Hilfsmittel anzulegen.

Bei den niedrigen Schwefelgehalten ist die Bearbeitbarkeit des Gußeisens wesentlich günstiger. Dies zeigt sich nicht nur in der Möglichkeit die Schnittgeschwindigkeit zu erhöhen, sondern auch im geringeren Verschleiß an Werkzeug.

Mit der Entschwefelung tritt gleichzeitig eine Entgasung des Eisenbades ein, d. h., die vom flüssigen Eisen gelösten Gase können an die Eisenoberfläche entweichen. Die Entgasung macht sich durch das Abbrennen der austretenden Gase deutlich bemerkbar. Das Eisen kann schneller vergossen werden.

Die basische Entschwefelungsschlacke zeigt noch die Eigenschaft, auch Eisenoxyde begierig aufzulösen, und da durch die Entgasung eine lebhafte Bewegung des Eisenbades eintritt, wird die Entfernung der Eisenoxyde kräftig unterstützt, immer neue Teile des Bades kommen mit der basischen Schlacke in Berührung. Durch die Aufnahme von Eisenoxyden wird die Entschwefelungsschlacke tiefschwarz gefärbt; die Menge des in der Schlacke festzustellenden Eisens bietet einen Maßstab für die Abgabe der Oxyde aus dem Eisenbad.

Eisenoxyde und gelöste Gase machen sich im Gußeisen oft sehr unangenehm durch Gasblasen bemerkbar. Durch die Entfernung der beiden schädlichen Eisenbegleiter wird also ein erheblicher Anteil Ausschuß oder Fehlguß mit Sicherheit vermieden.

Die Wirtschaftlichkeit des Verfahrens ist also in erster Linie durch die Verminderung an Ausschuß gegeben; dann durch die Möglichkeit, ein durchaus gleichmäßiges, leichtbearbeitbares Gußeisen zu erzeugen, das infolge Erhöhung der Schnittgeschwindigkeit und der besseren Ausnutzung der Werkzeuge erhebliche Ersparnisse mit sich bringt. Ferner ist auch durch Verwendung größerer Mengen Gußbruch- und Ausfalleisen die Verbilligung des Einsatzes gesichert.

Diesen Vorteilen stehen folgende Aufwendungen gegenüber: Die notwendige Ergänzung der Schmelzanlage durch Schlackenkasten und Vorherd, die Ausgaben für das Entschwefelungsmittel und die von der Vertriebsgesellschaft verlangte Gebühr für das Benutzungsrecht. Diese muß so bemessen werden, daß die Wirtschaftlichkeit des Verfahrens nicht in Frage gestellt wird. Nach den vorliegenden Erfahrungen können die Ersparnisse aus der Anwendung des Verfahrens die Ausgaben in kurzer Zeit decken.

4. Versuche mit Manganformlingen. Über die günstige Einwirkung der Manganformlinge auf die Verminderung der Schwefelanreicherung im Schachtofen ist bereits an anderer Stelle gesprochen worden. Hier sei eine Zahlentafel aus Versuchsschmelzen, die in der Maschinenfabrik Eßlingen gemacht wurden, wiedergegeben:

Schmelzversuche zur Feststellung der Schwefelbeeinflussung und Mn-Anreicherung durch Zusätze von Mn-Formlingen.

Schmelzungen			Analysen					Ergebnisse der Probestäbe		
Versuch	Art der Schmelzungen	Zusatz von Mn-Formlingen	C ges. %	Si %	Mn %	P %	S %	Biegefestigkeit kg/mm²	Durchbiegung mm	Brinellhärte
1	Einschmelzen von 10000 kg Maschinengußbruch, Trichtern und Eigenbruch	ohne Mn-Formling	3,40	1,56	0,56	0,51	0,144	40,80	10,0	193
2a	Umschmelzen von 3000 kg Gußeisen der Versuchsschmelzung 1	1 Mn-Formling auf 1 Satz von 500 kg	3,40	1,54 1,50	0,61 0,61	0,62	0,216 0,140	39,79	10,50	197
b	Umschmelzen von 3000 kg Gußeisen der Versuchsschmelzung 2a	1 Mn-Formling auf 1 Satz von 500 kg	3,46	1,49 1,45	0,66 0,61	0,55	0,210 0,135	35,26	9,0	190
c	Umschmelzen von 3000 kg Gußeisen der Versuchsschmelzung 2b	1 Mn-Formling auf 1 Satz von 500 kg	3,40	1,45 1,35	0,65 0,56	0,52	0,200 0,122	37,63	9,5	199
3a	Umschmelzen von 3000 kg Gußeisen der Versuchsschmelzung 1	2 Mn-Formlinge auf 1 Satz von 500 kg	3,56	1,60 1,55	0,70 0,66	0,56	0,216 0,125	40,53	10,5	190
b	Umschmelzen von 3000 kg Gußeisen der Versuchsschmelzung 3a	2 Mn-Formlinge auf 1 Satz von 500 kg	3,48	1,60 1,55	0,79 0,76	0,55	0,187 0,118	41,28	10,5	190
c	Umschmelzen von 3000 kg Gußeisen der Versuchsschmelzung 3b	2 Mn-Formlinge auf 1 Satz von 500 kg	3,50	1,60 1,62	0,91 0,75	0,54	0,178 0,102	41,19	10,5	192
4a	Umschmelzen von 3000 kg Gußeisen der Versuchsschmelzung 1	3 Mn-Formlinge auf 1 Satz von 500 kg	3,48	1,70 1,65	0,74 0,69	0,55	0,216 0,111	42,03	11,5	201

Schmelzungen			Analysen					Ergebnisse der Probestäbe		
Versuch	Art der Schmelzungen	Zusatz von Mn-Formlingen	C ges. %	Si %	Mn %	P %	S %	Biegefestigkeit kg/mm²	Durchbiegung mm	Brinellhärte
4b	Umschmelzen von 3000 kg Gußeisen der Versuchsschmelzung 4a	3 Mn-Formlinge auf 1 Satz von 500 kg	3,62	1,82 1,65	0,97 0,93	0,63	0,176 0,099	40,69	11,0	197
c	Umschmelzen von 3000 kg Gußeisen der Versuchsschmelzung 4b	3 Mn-Formlinge auf 1 Satz von 500 kg	3,56	1,82 1,64	1,16 0,92	0,54	0,149 0,093	41,32	11,0	197

Die in der vorstehenden Zahlentafel eingetragenen Ergebnisse bezüglich der Festigkeit der Stäbe sind an Normalstäben von 30 mm Durchmesser bei 600 mm Auflagelänge gemessen. Die Stäbe sind in getrockneten Formen bei steigendem Guß gegossen, und aus den Stäben die Späne für die Analyse entnommen. Die obere Zahlenreihe zeigt die errechneten, die untere Zahlenreihe die gefundenen Werte der Analyse. Die entschwefelnde Wirkung der Manganformlinge geht aus den Zahlen hervor, und es bestätigt sich, daß die Zusätze an Manganformlingen die weitere Anreicherung an Schwefel aufheben, so daß in bezug auf die Begrenzung des Schwefelgehaltes die Manganformlinge praktischen Anforderungen genügen können.

Wenn auch die Untersuchung der Schmelzergebnisse in den vorliegenden Fragen noch nicht abgeschlossen ist, darf doch nach den Betriebsberichten geschlossen werden, daß mit den Neuerungen dem einfachen Schachtofen eine wesentlich wichtigere Arbeit als bisher zugewiesen wird. Es dient nicht mehr lediglich der Umschmelzung der Eisensätze, sondern kommt auch für die Verfeinerung oder Veredelung des erschmolzenen Gußeisens in Frage. In dieser Beziehung tritt der Schachtofen gewissermaßen in die Fußtapfen des Elektroofens, der als Ideal für die Erschmelzung von hochwertigem Gußeisen, selbst bei Verarbeitung billigster Schmelzstoffe, in der Eisengießerei immer mehr Eingang findet.

5. Die Verbesserung des Gußeisens in der Gießpfanne ist bereits in dem vorhergehenden Abschnitt bei dem Walter-Verfahren erwähnt worden. Es ist bekannt, daß durch den Zusatz von flüssigem Stahl in das Eisenbad, besonders in bezug auf die Dichte und Festigkeit des Gußeisens, eine wesentliche Verbesserung eintritt. Ohne Zweifel ist dieses Verfahren, soweit es sich um die Beeinflussung des Kohlenstoffes im Gußeisen handelt, zuverlässiger als der Zusatz von Stahlabfällen im Schachtofen. Auch die Anreicherung des Eisenbades mit Si, Mn usw. wird mit mehr oder weniger Erfolg in der Gießpfanne durchgeführt. Bedingung ist dabei, daß stets ein genügend überhitzt erschmolzenes Eisen zur Verfügung steht.

In ähnlicher Weise, wie bereits vor zwanzig Jahren die Goldschmidtschen Gußeisen-Desoxydationspakete oder -Dosen zur Verbesserung des erschmolzenen Eisens in der Gießpfanne Anwendung fanden, werden heute die sogenannten Fermasitbriketts, Desoxydations- und Legierungsbriketts empfohlen. Nach der vorliegenden Gebrauchsanweisung sollen diese Briketts zum Reinigen des flüssigen Eisens von Schlacken, Eisenoxydul und zur Beseitigung gelöster Gase dienen. Sie werden auch zum Mischen des flüssigen Eisens, mit Silizium, Mangan, Phosphor und in besonderen Fällen mit Chrom, Vanadium, Titan, Nickel

u. a. Metallen empfohlen. Diese Briketts werden, auf einer Eisenstange aufgespießt, unter Umrühren im Eisenbade aufgelöst. Sie müssen auf etwa 100° vorgewärmt werden, damit etwa angenommene Feuchtigkeit beseitigt wird. Beim Eintauchen der Briketts erfolgt eine starke Aufwallung des Bades; wenn diese nachläßt, muß vorsichtig weitergerührt werden, damit das Brikett nicht vorzeitig zerbricht. Die besten Erfolge sollen die Briketts geben, wenn ein heiß erschmolzenes Eisen zur Verfügung steht.

Durch die Anwendung des bereits erwähnten Walterschen Verfahrens im Vorherd des Schmelzofens sind irgendwelche Eisenreinigungsmittel in der Gießpfanne, abgesehen von reinen Alkalien oder Erdalkalien, überholt. Seit Anwendung der Eßlinger Formlinge sind auch die Zusätze an hochwertigen Eisenlegierungen in der Gießpfanne zurückgegangen. Es hat sich gezeigt, daß die genannten Formlinge, im Ofenschacht zugesetzt, wesentlich wirtschaftlicher wirken. Dessenungeachtet wird der Zusatz von Eisenlegierungen in der Gießpfanne immer ein Hilfsmittel bleiben.

VII. Neue Schmelzöfen und Schmelzverfahren.

In den vorstehenden Ausführungen ist die Erschmelzung des Gußeisens im einfachen Schachtofen, mit und ohne Vorherd (Eisensammler), besonders berücksichtigt worden. Da aber in neuester Zeit die wärmetechnischen Gesichtspunkte in den Schmelzbetrieben mehr in den Vordergrund treten, soll ein kurzer Bericht über Neuerungen folgen.

1. Der Elektroofen. Die Umstellung des Schmelzbetriebes in der Eisengießerei macht sich in doppelter Beziehung bemerkbar, einmal dadurch, daß das erschmolzene Eisen in bezug auf Qualität höheren Ansprüchen genügen muß, und das andere Mal, weil der Schmelzbetrieb wirtschaftlicher, d. h. sparsamer im Brennstoffverbrauch zu führen ist. Der ersten Anforderung wird der Elektroofen in vollem Umfange gerecht. Dieser Ofen ermöglicht das hochwertigste Gußeisen, und da er in bezug auf den Eiseneinsatz bescheidene Ansprüche stellt, gelingt es auch, selbst bei den höheren Kostenanteilen für den elektrischen Betrieb, das erschmolzene Eisen zu angemessenen Preisen herzustellen. Die Anlagekosten sind aber heute noch derart, daß nur unter besonders günstigen Betriebsverhältnissen die Anschaffung und wirtschaftliche Betriebsführung ermöglicht werden kann. Durch Beschicken mit flüssigem Einsatz wird die Wirtschaftlichkeit erheblich erhöht (Fig. 14 zeigt einen 6 t Lichtbogenofen der Firma Siemens & Halske A.-G. in der Eisengießerei der Zwickauer Maschinenfabrik).

Über die Erzeugnisse aus dem Elektroofen muß auf Berichte verwiesen werden. Hier sei nur das Ergebnis der Prüfung einiger aus Stahlschrott erschmolzenen grauen Gußeisenproben[1]) wiedergegeben:

Gesamtkohlenstoff %	Graphit %	Silizium %	Mangan %	Phosphor %	Schwefel %	Biegefestigkeit kg/mm²	Zugfestigkeit kg/mm²	Härte-Brinell
3,00	2,40	1,67	0,34	0,026	0,008	56	35	206
2,69	1,94	1,86	—	0,56	0,029	—	29,4	215
2,71	1,86	2,16	—	Spur	0,028	—	32,0	238

2. Der Schürmann-Ofen. Als weitere Neuerung in der Eisengießerei ist der Schürmann-Ofen mit Lufterhitzung (Fig. 15) zu nennen. Nachdem er

[1]) „Gießerei", Heft 5, 2. Febr. 1924, Seite 53.

in verschiedenen Gießereien im Dauerbetrieb erprobt wurde, dürfte seine weitere Einführung unter bestimmten Betriebsverhältnissen eine Frage der Zeit sein.

Es ist nachgewiesen, daß dieser Ofen unter Ausnutzung der Abgaswärme eine Koksersparnis von etwa 25% gegenüber dem einfachen Schachtofen normaler Bauart ermöglicht, und daß gleichzeitig andere Mängel, wie z. B. die übermäßige Schwefelanreicherung, der Funkenauswurf und die Gichtgasbelästigung, fortfallen.

Nach Bauart Hörnig & Co., Dresden, und der Schürmann-Ofen-G. m. b. H. in Düsseldorf gehören zu diesem Ofen zwei Abwärmekästen oder Lufterhitzer, die beim Durchströmen der heißen Gase abwechselnd aufgeheizt und beim Durchströmen der Gebläseluft gekühlt werden. Die Gebläseluft und die hocherhitzten Abgase werden nicht mehr, wie bei den einfachen Schachtöfen, durch die Beschickungssäule nach oben, sondern in Höhe der Schmelzzone quer durch

Fig. 14. Elektroofen der Siemens & Halske A.-G.

den Ofenschacht abgeführt. Der Vorteil dieser Betriebsweise besteht darin, daß der Wärmeverlust erzeugende Zerfall der Kohlensäure zu Kohlenoxyd fast vollständig beseitigt ist. Im Vergleich zu der bisher üblichen Betriebsweise ergibt sich also im Schürmann-Ofen eine bessere Ausnutzung der Verbrennungswärme und damit eine Ersparnis an Satzkoks. Durch den geringeren Koksverbrauch verliert die Schwefelanreicherung, was bessere mechanische Eigenschaften des Eisens zur Folge hat. (Über Einzelheiten des Ofens s. Zeitschrift „Gießerei" 1924, Heft 25, 29, 45 u. 46.)

3. Weitere Öfen für bessere Wärmeausnutzung. Die Frage der Abwärmeausnutzung im Schachtofen hat, wie manche Anregung der letzten Zeit, zu weiteren Versuchen auf diesem Gebiete Veranlassung gegeben; u. a. hat die Ofenbaugesellschaft Hammelrath, Köln, einen Ofen herausgebracht, bei dem die Abwärmekammer um den Ofenschacht gelegt ist. Dieser Ofen soll auch mit getrenntem Schacht für Eisen- und Kokssätze gebaut werden. Betriebsergebnisse liegen noch nicht vor.

Die Brennstoffnot hat dazu geführt, auch die Versuche mit der Ölzusatzfeuerung wieder aufzunehmen. U. a. hat die Ölzusatzfeuerung Bauart Berthold im Schachtofen gute Erfolge aufzuweisen. Ohne Zweifel bringt die Ölzusatzfeuerung eine Verminderung des Satzkoksverbrauches und dementsprechend eine geringere Schwefelanreicherung. Sie kann auch die Schmelzleistung des Ofens erhöhen, da sie eine bessere Wärmeausnutzung gibt; aber sie bleibt von der Beschaffung und von den Kosten des Brennstoffes abhängig. Nach vorliegenden Betriebsergebnissen stellt sich der Satzkoksverbrauch, je nach Größe der Öfen, auf 5÷7 %, neben einem Ölzusatz von etwa 1÷3 %. Auch hier sind die jeweiligen Betriebsverhältnisse ausschlaggebend, doch ist erwiesen, daß bei minderwertigem Schmelzkoks die Ölzusatzfeuerung wesentliche Vorteile bringen kann.

Eine Neuerung auf dem Gebiete des Schmelzbetriebes und der Brennstoffersparnis in der Gießerei ist das Wasser-Einspritzverfahren der Vulkan-Feuerungs-A.-G. in Düsseldorf. Das Verfahren ist geschützt. Es besteht im wesentlichen darin, daß feinverteiltes Wasser in die Schmelzzone des Ofens eingeführt wird. Das in zerstäubter Form durch die Düsen auf den glühenden Koks treffende Wasser wird in Sauerstoff und Wasserstoff zerlegt, wobei Kohlenoxyd und Wasserstoff entstehen. Diese Zerlegung braucht allerdings Wärme. Bei der Verbrennung des entstandenen Kohlenoxydes und des Wasserstoffes soll aber die Verbrennungsgeschwindigkeit des Koks gesteigert werden und die Folge davon eine Steigerung der Eisentemperatur und eine Verkürzung der Durchgangszeit des Eisens im Ofenschacht sein.

Fig. 15. Schürmann-Schachtofen mit angebautem Lufterhitzer.

Die vorliegenden Betriebsergebnisse zeigen noch kein klares Bild, aber es wäre zu wünschen, daß die Hoffnungen in bezug auf die Koksersparnis und die Eisenverbesserung sich erfüllten.

VIII. Die Wartung der Gießereischachtöfen.

Überall, wo die Mittel und Möglichkeiten fehlen, die besprochenen Betriebsverbesserungen einzuführen, muß zum wenigsten der Betrieb in richtige Bahnen gelenkt werden, damit die Schmelzanlage wirtschaftlich arbeitet.

In vielen Gießereien läßt die Wartung der Schmelzöfen sehr zu wünschen übrig und die heute selbstverständlichen Messungen unterbleiben; die nachfolgenden Leitsätze werden nicht nur in kleinen Gießereien dazu beitragen, dem Mangel abzuhelfen.

Leitsätze für die Wartung der Gießereischachtöfen (Kupolöfen):

1. Die Schmelzöfen dürfen nur durch geschulte Leute bedient werden. Der Abstecher und der erste Mann auf der Gichtbühne müssen besonders zurerlässig sein

2. Alle Arbeiten am Ofen sind, wenn kein Schmelzmeister vorhanden ist, von dem Betriebsleiter zu überwachen; nicht oft genug können die Mannschaften auf eine gewissenhafte Wartung des Ofens hingewiesen werden.

3. Tag und Stunde des Gießens sind dem ersten Schmelzer so rechtzeitig mitzuteilen, daß nach Instandsetzung des Ofens auch ein ordnungsgemäßes Anfeuern und Füllen möglich ist.

4. Die festen und großen Koksstücke sind stets für den Füllkoks zu verwenden; dessen sorgsame Auswahl sichert die Lage der Schmelzzone, erleichtert den Schmelzgang und ermöglicht auch ein heißeres Eisen. Der Füllkoks soll gleichmäßig hoch, mindestens 500 mm über Düsenoberkante, nach und nach aufgegeben werden.

5. Während des Anheizens bleiben die Düsenklappen offen. Bei Beginn des Setzens muß der Füllkoks durchgebrannt sein. Vor dem ersten Eisensatz ist zur Sicherung der Höhenlage der Schmelzzone mindestens ein Satz frischer Koks aufzuwerfen.

6. Die Düsen müssen während der ganzen Schmelzdauer schlackenrein gehalten werden, dann ergibt sich, infolge der gleichmäßigen Luftzufuhr in die Schmelzzone, auch die beste Schmelzleistung.

7. Das Ofenfutter ist nach jedem Schmelztag zu prüfen und, wenn notwendig, richtig auszubessern. Ein Aufschmieren von feuerfester Masse auf die schlackenglasierte Wandung des Ofenfutters ist zwecklos.

8. Der Querschnitt in der Schmelzzone ist bestimmend für die Größe der Eisen- und Kokssätze. Die zuzuführende Luftmenge errechnet sich also aus der Größe der Kokssätze und aus der stündlich zu schmelzenden Eisenmenge. Das Innenmaß des Ofens muß deshalb nach jedem Schmelztag als Unterlage für die Einstellung der Gebläseleistung neu genommen werden. Die angesaugte Luft soll gemessen werden, am besten durch einen selbsttätigen Luftmengenmesser. Die Messung des Luftdruckes allein genügt nicht. Zu hoher Luftdruck läßt auf Störungen im Ofengang schließen.

9. Jeder Schmelzofen trägt eine Tafel, auf der die Gewichte der Eisen- und Kokssätze, die in der Minute zuzuführende Luftmenge (Gebläseleistung) sowie die annähernde Schmelzleistung in einer Stunde angegeben sind.

10. Für das Einbringen der Eisen- und Kokssätze gilt die Regel: „Auf den Kokssatz zuerst Kalkstein und Flußspat, zusammen mit etwa 25 bis 35% der Satzkoksmenge, danach die Stahlabfälle und in handliche Stücke zerschlagen, möglichst gleichmäßig nach außen verteilt, das Roheisen; sodann das Gußbrucheisen und die Eingüsse, in diese die Schmelzzusätze, Silizium-Eisen, EK-Pakete (Si-, Mn- und P-Formlinge).“ Auf den Füllkoks brauchen keine Zuschläge geworfen zu werden. Bei aschearmem Koks genügt die geringere Menge an Zuschlägen.

11. Der mindestens auf etwa faustgroße Stücke zerkleinerte Kalkstein und Flußspat ist möglichst in die Mitte der Koksfläche verteilt aufzugeben; Geröll und Abfallkalkstein sind nicht zu empfehlen. Große, sperrige Brucheisenstücke sind in den ersten Sätzen, selbst in großen Öfen zu vermeiden, weil sie den Schmelzgang behindern.

12. Zur Sicherung des gleichmäßigen Ofenganges und der Zusammensetzung des erschmolzenen Eisens sind die für jeden Satz bestimmten Eisen- und Koksmengen, auch die Kalksteine nebst Flußspat und sonstigen Zuschläge zu messen oder zu wägen. In vielen Fällen empfiehlt sich eine besondere Kokswage. Der Ofenschacht ist stets gleichmäßig voll zu halten; ein Hängen der Gichtsäule ist stets sofort zu melden.

13. Die verbrauchten Rohstoffe werden aus dem Tageszettel in das Schmelzbuch eingetragen; dieses gibt, täglich oder monatlich abgeschlossen, die gewünschten Aufschlüsse über den Erfolg des Ofenbetriebes.

14. Außer der zugeführten Luftmenge ist die Temperatur des erschmolzenen Eisens und der Gichtgase von Zeit zu Zeit zu messen. Die Gichtgase sind auch auf Gehalt an CO_2—CO und O zu untersuchen.

15. Um die Treffsicherheit zu erhöhen, sind für Analysen und Festigkeitsprüfungen jeden Tag Proben zu gießen; dies gilt besonders für hochwertiges Gußeisen. Auch die Ergebnisse dieser Untersuchungen sind für Auswertung in das Schmelzbuch einzutragen.

16. Ein Satzanzeiger, leicht sichtbar am Ofen angebracht, soll die Verteilung des erschmolzenen Eisens und seine richtige Verwendung für die bestimmten Gußwaren sichern. Eine doppelte Kontrolle vermeidet Irrtümer im Ausbringen.

17. Die Verwendung einer Sammelpfanne (Mischer) bei Öfen ohne Eisensammler (Vorherd), erhöht die Gleichmäßigkeit des erschmolzenen Eisens. In größeren Pfannen ist das Umrühren des Eisens zur besseren Mischung dringend zu empfehlen.

18. Die Sammelpfanne und der Vorherd leisten auch für das Entschwefelungs- und Entgasungsverfahren gute Dienste, doch muß dafür gesorgt werden, daß die Ofen-

schlacke durch Schlackensammler aus dem Schacht gelassen wird. Abstichloch und Rinne sind stets sauber und vor allem frei von Schlacke zu halten, um ein Verschmieren zu verhindern.

19. Bei vorübergehenden Störungen im Ofengang und Stillstand des Gebläses sind die Düsenklappen zu öffnen.

20. Die Betriebsbeamten und Schmelzer sind von Zeit zu Zeit auf die Einhaltung dieser Vorschriften aufmerksam zu machen.

IX. Die Prüfung des Gußeisens.

In den Leitsätzen für die Wartung des Schmelzbetriebes, wie auch an anderen Stellen, ist bereits darauf hingewiesen, daß die Untersuchung der Rohstoffe und Überprüfung der Fertigerzeugnisse in der Gießerei notwendig sind, um eine Gewähr für die Treffsicherheit in der Zusammensetzung des hochwertigen Gußeisens zu haben. Es ist ausgeschlossen, daß ohne Mithilfe des Wissenschaftlers, des Chemikers und Metallurgen, alle Mängel in den Rohstoffen und Gießereierzeugnissen rechtzeitig klar erkannt und beseitigt werden. Deshalb muß jede Gießerei, ganz gleich, ob der Betrieb klein oder groß ist, sich die Wissenschaft der Metallprüfung zunutze machen.

Damit ist aber nicht gesagt, daß jede Gießerei eine besondere Abteilung für Materialprüfung einrichten soll; hier sind vielmehr Größe und Mittel der Werke entscheidend. Aber jeder Gießereileiter muß sich daran gewöhnen, durch Analysen, Festigkeits- und Bearbeitungsproben die Gleichmäßigkeit in der Herstellung der Erzeugnisse zu überwachen; denn Handelslaboratorien und Prüfanstalten für Werkstoffe sind in genügender Zahl vorhanden.

Bei der Untersuchung des Gußeisens ist die chemische, die mechanische und die Gefügeprüfung (s. Fig. 4÷8) zu unterscheiden. Während in früherer Zeit die beiden ersteren als genügend angesehen wurden, wird heute auch die Untersuchung des Gefügeaufbaues notwendig Die Eigenschaften des Gußeisens sind im wesentlichen durch die Menge und Formen, in denen der Kohlenstoff sich beim Erkalten des erschmolzenen Eisens ausscheidet, bedingt. Die Menge des Kohlenstoffes, die Geschwindigkeit der Abkühlung, der Einfluß der Eisenbegleiter, Silizium, Mangan, Phosphor, Schwefel, Kupfer usw. sind dabei von Bedeutung. Daraus ergibt sich, daß die Ursachen der Fehlgüsse oder des Ausschußgusses nicht durch die Analyse und Festigkeitsprüfung allein, sondern oft nur mit Zuhilfenahme der Untersuchung des Gefügeaufbaues aufgeklärt werden können.

Es ist leider nicht möglich, im Rahmen des vorliegenden Buches über Einzelheiten der Gußeisenprüfung eingehender zu berichten.

X. Die Vorschriften für die Lieferung von Gußeisen.

Für die Prüfung und Lieferung von Gußeisen bestehen noch die im Jahre 1909 vom Handelsminister veröffentlichten Vorschriften, die der Deutsche Verband für die Materialprüfung der Technik im Einvernehmen mit dem Verein Deutscher Eisengießereien und dem Deutschen Gußröhrenverband für die Lieferung von Gußeisen aufgestellt hat. In den letzten Jahren hat sich das Bedürfnis gezeigt, diese Vorschriften zu ergänzen; es ist deshalb ein besonderer Arbeitsausschuß ernannt, der auf Grundlage der vom Normenausschuß der deutschen Industrie gegebenen Anregungen im Verein mit den in Frage kommenden Verbänden neue Vorschläge unterbreiten wird. In den nachstehenden Ausführungen sind die bisher gültigen Vorschriften für die Lieferung von Gußeisen gekürzt wiedergegeben:

Vorschriften für die Lieferung von Gußeisen.

Diese Vorschriften gelten für nachstehend bezeichnete, aus Gußeisen hergestellte Gußwaren:

A. Maschinenguß, B. Bau- und Säulenguß, C. Röhrenguß.

Die Abnahme anderweitiger Gußwaren bleibt besonderer Vereinbarung überlassen.

1. Allgemeine Vorschriften.

Umfang der Prüfungen.

Die Prüfung der Gußwaren erstreckt sich:

a) auf die Form und die Abmessungen der Gußstücke;

b) auf die Eigenschaften des Materials der Gußstücke.

Als maßgebend werden die Biegefestigkeit und die Durchbiegung des verwendeten Gußeisens sowie der Widerstand gegen inneren Druck angesehen.

Zur Bestimmung der Biegefestigkeit und der Durchbiegung sind mit besonderer Sorgfalt herzustellende Probestäbe zu verwenden. Sollen die Probestäbe an das Gußstück angegossen werden, so sind besondere Vereinbarungen zu treffen.

Die Probestäbe sollen bei kreisrundem Querschnitte 30 mm Durchmesser, 600 mm Meßlänge und 650 mm Gußlänge haben.

Die Probestäbe sind in getrockneten, möglichst ungeteilten Formen stehend bei steigendem Guß und bei mittlerer Gießtemperatur des Gußeisens aus demselben Abstiche, welcher zur Anfertigung der Gußstücke Verwendung fand, darzustellen und bis zur Erkaltung in den Formen zu belassen. Müssen die Probestäbe aus irgendeinem Grunde in geteilten Formen zum Abguß kommen, so ist der Probestab bei der Prüfung derart auf die Probiermaschine zu legen, daß der Druck senkrecht zur Ebene der Gußnaht erfolgt.

Die Probestäbe werden in unbearbeitetem Zustand, also mit Gußhaut, der Probe unterworfen.

Die Biegefestigkeit und die Durchbiegung bis zum Bruche ist bei allmählich zunehmender Belastung in der Mitte der Probestäbe an drei Stäben festzustellen. Mit Gußfehlern behaftete Probestäbe bleiben bei dieser Feststellung außer Betracht. Als maßgebende Ziffer gilt das Mittel der Ergebnisse fehlerfreier Probestäbe.

2. Besondere Vorschriften.

A. Maschinenguß.

Die Gußstücke sollen nach Form und Abmessungen der Angabe entsprechen; der Guß soll glatt und sauber, frei von Höhlungen und Sprüngen sein. Das Eisen soll sich mittels Feile und Meißel bearbeiten lassen. — Alles dieses insoweit es die Verwendungsart des Gußstückes bedingt.

1. Maschinenguß, gewöhnlicher.

Es soll betragen:

die Biegefestigkeit des Probestabes (30 mm Durchmesser × 600 mm) = 28 kg/mm² bei einer Bruchbelastung von etwa 495 kg;

die Durchbiegung nicht unter 7 mm.

2. Maschinenguß von hoher Festigkeit.

Es soll betragen:

die Biegefestigkeit des Probestabes (30 mm Durchmesser × 600 mm) = 34 kg/mm² bei einer Bruchbelastung von etwa 600 kg;

die Durchbiegung nicht unter 10 mm.

B. Bau- und Säulenguß.

Die Gußstücke müssen, wenn nicht Hartguß oder andere Gußeisensorten ausdrücklich vorgeschrieben sind, aus grauem, weichem Eisen sauber und fehlerfrei gegossen und einer langsamen, den Formverhältnissen entsprechenden Abkühlung zur möglichsten Vermeidung von Spannungen unterworfen sein.

Das Gußeisen soll zähe und so weich sein, daß es mittels Meißel und Feile zu bearbeiten ist.

Festigkeit des Gußeisens.

Es soll betragen:

die Biegefestigkeit des Probestabes (30 mm Durchmesser × 600 mm) = 26 kg/mm² bei einer Bruchbelastung von etwa 460 kg;

die Durchbiegung nicht unter 6 mm.

Der Unterschied der Wanddicken eines Querschnittes, der überall mindestens den vorgeschriebenen Flächeninhalt haben muß, darf bei Säulen bis zu 400 mm mittleren Durchmessers und 4 m Länge die Größe von 5 mm nicht überschreiten. Bei Säulen von größerer Länge wird der zulässige Unterschied für je 100 mm mehr Durchmesser und für je 1 m Mehrlänge um $^1/_2$ mm erhöht.

Die Einhaltung der vorgeschriebenen Wandstärke ist durch Anbohren an geeigneten Stellen, jedesmal an zwei aneinander gegenüberliegenden Punkten, bei liegend gegossenen Säulen in der dem etwaigen Durchsacken der Kerne entsprechenden Richtung nachzuweisen.

Sollen Säulen aufrecht gegossen werden, so ist das besonders anzugeben.

C. Röhrenguß.

§ 1. Art der Röhren.

Diese Lieferungsvorschriften sollen Geltung haben für:

a) Muffenröhren zu Gas- und Wasserleitungen,
b) Flanschenröhren zu Gas-, Wasser- und Dampfleitungen,
c) die zu diesen Röhren gehörigen Formstücke.

Die Röhren sollen gerade und im inneren und äußeren Durchmesser kreisrund sein.

Für die Formen und Abmessungen der gußeisernen Muffen- und Flanschenröhren für Gas- und Wasserleitungen sowie der Formstücke ist die Normalzahlentafel des Vereins deutscher Gas- und Wasserfachmänner und des Vereins deutscher Ingenieure maßgebend, sofern nicht Sondervorschriften erlassen werden.

§ 2. Abweichungen vom Durchmesser der Röhren.

Die äußeren Abmessungen sämtlicher Röhren sowie die inneren Abmessungen der Muffen sind unabänderlich. Die Wandstärke des glatten Schaftes kann innerhalb gewisser Grenzen größer oder kleiner sein auf Kosten der Lichtweite. Falls durch eine Verstärkung des Schaftes auch eine Verstärkung der Muffe bedingt wird, so geht dies auf Kosten der äußeren Muffenform; die dafür entstehenden Modellkosten sind vom Besteller zu tragen.

§ 3. Abweichungen in der Wandstärke.

Abweichungen von den in den Normalzahlentafeln vorgeschriebenen Wandstärken sind zulässig:

bei geraden Röhren von	25÷100 mm l. W.	± 15 %
„ „ „ „	100÷225 „ „ „	± 12 %
„ „ „ „	150÷475 „ „ „	± 11 %
„ „ „ „	500 mm und darüber	± 10 %

Für normale Formstücke ist die doppelte Abweichung zulässig wie für gerade Röhren.

Für Leitungen, deren Material zerstörenden Einflüssen ausgesetzt ist, ist die Wandstärke gegenüber der normalen entsprechend zu erhöhen.

§ 4. Abweichungen in der Länge.

In den Baulängen sind Abweichungen bis zu ± 20 mm gestattet. Kürzere Röhren dürfen bis zu 5 % der Gesamtmenge mitgeliefert werden. Die Minderlänge darf bis zu 1 mm weniger betragen, wie die Normallänge der Zahlentafel des Vereins deutscher Ingenieure und Wasserfachmänner vom Jahre 1882.

§ 5. Gewichtsabweichungen.

Bei der Berechnung der Rohrgewichte nach den Normalmessungen ist das spezifische Gewicht des Gußeisens mit 7,25 angenommen. Das auf diese Weise berechnete und um 15 % für normale Formstücke und um 20 % für normale Krümmer erhöhte Gewicht ist das normale Gewicht.

Bei geraden Röhren darf die Abweichung von dem Normalgewicht nicht mehr

betragen als	± 5 %
bei Formstücken	± 10 %
bei Doppelabzweigen und schwierigen Formstücken . . .	± 15 %

Ausgenommen hiervon sind Abzweigstücke von mehr als 400 mm Durchmesser, die größere Wandstärke und unter Umständen Verstärkungen durch Rippen erhalten. Diese Verstärkungen sind in dem Gewichtsverzeichnisse nicht berücksichtigt, sie sind vom Besteller nach besonderer Vereinbarung zu zahlen.

§ 6. Bezeichnung.

Auf der Außenwand der Röhren und Formstücke soll die Fabrikmarke und der innere Durchmesser aufgenommen sein.

§ 7. Material.

Das zu den gußeisernen Röhren und Formstücken verwendete Gußeisen soll im Bruche dicht, von grauer Farbe und so weich sein, daß es sich mittels Meißel und Feile bearbeiten läßt.

§ 8. Festigkeit des Gußeisens.

Das zu prüfende Gußeisen wird an einem Probestab von 30 mm Durchmesser und 600 mm Länge der Untersuchung unterworfen.

Es sollen nachstehende Mindestwerte erreicht werden:

Bei	Biegefestigkeit	Durchbiegung
a) Gas- und Wasserleitungsröhren	26 kg/mm²	6 mm
b) Dampfleitungsröhren bis 7 Atm. Druck und Temperaturen unter 165° C	—	—
c) Dampfleitungsröhren über 7 Atm. Druck und Temperaturen von 165° C und darüber	—	—

§ 9. Herstellung.

Die geraden Röhren normaler Baulänge sollen stehend in gut getrockneten Formen gegossen werden. Kleine Dimensionen bis zu 40 mm können auch schräg gegossen werden.

§ 10. Beschaffenheit der Gußstücke.

Die Röhren und Formstücke sollen fehlerfrei, glatt an den Seitenflächen, ohne Schalen und Risse sein. Röhren und Formstücke mit kleineren Mängeln, welche durch die Natur des Gießverfahrens unvermeidlich sind und die Brauchbarkeit des betreffenden Gußstückes in keiner Weise in Frage stellen, dürfen nicht zurückgewiesen werden.

Gußstücke mit Fehlern, welche die Festigkeit des Rohres nachteilig beeinflussen, sind von der Lieferung auszuschließen.

§ 11. Reinigung und Bearbeitung.

Die Oberfläche des Gußstückes muß in- und auswendig von Formsand und allen Unebenheiten gereinigt sein. Die beiden Enden müssen (⊥) rechtwinklig zur Achse stehen. Flanschröhren werden nur mit Dichtungsleisten und, wenn nicht anders bestimmt, auch mit gebohrten Flanschlöchern geliefert. Wenn letztere nicht gebohrt werden sollen, so ist dies bei der Bestellung besonders anzugeben. Als Regel gilt, daß in der senkrechten Ebene durch die Achse des Rohres sich keine Schraubenlöcher befinden sollen. Hierbei ist Voraussetzung, daß die Leistung und die Abzweige horizontal verlegt werden.

§ 12. Prüfung der Röhren.

Der Betriebsdruck ist für die Probepressung in erster Linie maßgebend und muß der Probedruck den Betriebsdruck um 10 at übersteigen. Deutsche Normalröhren sind auf 20 at Wasserdruck zu probieren. Während der Druckprobe, die ½ bis 1 min nicht übersteigen soll, werden die Röhren mit einem schmiedeeisernen Hammer mit abgerundeten Bahnen von 1 kg Gewicht und normaler Stiellänge mit mäßiger Kraft abgehämmert. Die Druckprobe erfolgt gleich nach der Herstellung.

§ 13. Asphaltierung.

Die Röhren und Formstücke werden gleich nach der Druckprobe asphaltiert. Vor dem Asphaltieren werden dieselben auf eine Temperatur von etwa 150° C erwärmt.

Die Asphaltmasse darf keine wasserlöslichen Zusätze enthalten und muß frei von allen Bestandteilen sein, die dem Wasser irgendwelchen Geschmack geben könnten.

Die Asphaltmasse muß nach dem Asphaltieren trocken sein, muß auf dem Rohr gut haften und darf weder abblättern noch kleben.

§ 14. Gewichtsfeststellung.

Das der Verrechnung zugrunde zu legende Gewicht der Röhren und Formstücke versteht sich für den fertig geteerten Zustand.

Die Werkzeugmaschinen, ihre neuzeitliche Durchbildung für wirtschaftliche Metallbearbeitung. Ein Lehrbuch von Prof. **Fr. W. Hülle,** Oberlehrer an den Staatl. Vereinigten Maschinenbauschulen in Dortmund. Vierte, verbesserte Auflage. Mit 1020 Abbildungen im Text und auf Textblättern, sowie 15 Tafeln. (619 S.) 1919. Unveränderter Neudruck. 1923. Gebunden 24 Goldmark

---

Die Grundzüge der Werkzeugmaschinen und der Metallbearbeitung. Von Prof. **Fr. W. Hülle,** Dortmund. In 2 Bänden.

Erster Band: **Der Bau der Werkzeugmaschinen.** Vierte, vermehrte Auflage. Mit 360 Textabbildungen. (188 S.) 1923. 3 Goldmark

Zweiter Band: **Die wirtschaftliche Ausnutzung der Werkzeugmaschinen.** Dritte, vermehrte Auflage. Mit 395 Textabbildungen. (176 S.) 1922. 3.60 Goldmark

---

Die Rationalisierung im Deutschen Werkzeugmaschinenbau. Dargestellt an der Entwicklung der Ludw. Loewe & Co. A.-G., Berlin. Von Dr. **Fritz Wegeleben.** (179 S.) 1924. 6 Goldmark

---

Automaten. Die konstruktive Durchbildung, die Werkzeuge, die Arbeitsweise und der Betrieb der selbsttätigen Drehbänke. Ein Lehr- und Nachschlagebuch. Von Oberingenieur **Ph. Kelle,** Berlin. Mit 767 Figuren im Text und auf Tafeln, sowie 34 Arbeitsplänen. (436 S.) 1921. Gebunden 16.80 Goldmark

---

Über Dreharbeit und Werkzeugstähle. Autorisierte deutsche Ausgabe der Schrift „On the art of cutting metals" von **Fred. W. Taylor,** von Prof. **A. Wallichs,** Aachen. Vierter, unveränderter Abdruck. 5. und 6. Tausend. Mit 119 Figuren und Tabellen. (243 S.) 1920. Gebunden 8.40 Goldmark

---

Die Werkzeugstähle und ihre Wärmebehandlung. Von **Harry Brearley,** Sheffield. Berechtigte deutsche Bearbeitung der Schrift „The heat treatment of tool steel" von Dr.-Ing. **Rudolf Schäfer.** Dritte, verbesserte Auflage. Mit 226 Textabbildungen. (334 S.) 1922. Gebunden 12 Goldmark

---

Die Konstruktionsstähle und ihre Wärmebehandlung. Von Dr.-Ing. **Rudolf Schäfer.** Mit 205 Textabbildungen und einer Tafel. (378 S.) 1923. Gebunden 15 Goldmark

---

Die Edelstähle. Von Dr.-Ing. **J. Rapatz.** Mit etwa 90 Abbildungen. In Vorbereitung

---

Die Schneidstähle. Ihre Mechanik, Konstruktion und Herstellung. Von Dipl.-Ing. **Eugen Simon.** Dritte, vollständig umgearbeitete Auflage. Mit etwa 550 Textfiguren. In Vorbereitung

Praktisches Handbuch der gesamten Schweißtechnik. Von Prof. Dr.-Ing. **P. Schimpke,** Chemnitz, und Obering. **Hans A. Horn,** Oberfrohna i. Sa. Erster Band: Autogene Schweiß- und Schneidtechnik. Mit 111 Textabbildungen und 3 Zahlentafeln. (141 S.) 1924. Gebunden 6.90 Goldmark

---

Lehrgang der Härtetechnik. Von Studienrat Dipl.-Ing. **Joh. Schiefer** und Fachlehrer **E. Grün.** Zweite, vermehrte und verbesserte Auflage. Mit 192 Textfiguren. (226 S.) 1921. 5 Goldmark; gebunden 6.70 Goldmark

---

Härte-Praxis. Von **Carl Scholz.** (42 S.) 1920. 1 Goldmark

Schmieden und Pressen. Von **P. H. Schweißguth,** Direktor der Teplitzer Eisenwerke. Mit 236 Textabbildungen. (114 S.) 1923. 4 Goldmark

---

Einzelkonstruktionen aus dem Maschinenbau. Herausgegeben von Dipl.-Ing. **C. Volk,** Direktor der Beuth-Schule, Privatdozent an der Technischen Hochschule zu Berlin.

Erstes Heft: **Die Zylinder ortsfester Dampfmaschinen.** Von Oberingenieur **H. Frey,** Berlin. Mit 109 Textfiguren. (45 S.) 1912. 3 Goldmark

Zweites Heft: **Kolben.** I. Dampfmaschinen- und Gebläsekolben. Von Dipl.-Ing. **C. Volk,** Direktor der Beuth-Schule, Privatdozent an der Technischen Hochschule zu Berlin. II. Gasmaschinen- und Pumpenkolben. Von **A. Eckardt,** Deutz. Zweite, verbesserte Auflage, bearbeitet von **C. Volk.** Mit 252 Textabbildungen. (82 S.) 1923. 3.60 Goldmark

Drittes Heft: **Zahnräder.** I. Teil. Stirn- und Kegelräder mit geraden Zähnen. Von Prof. Dr. **A. Schiebel,** Prag. Zweite, vermehrte Auflage. Mit 132 Textfiguren. (114 S.) 1922. 5.50 Goldmark

Viertes Heft: **Die Wälzlager** (Kugel- und Rollenlager). Von Ing. **Hans Behm,** Berlin, Obering. **Max Gohlke,** Schweinfurt, und Ing. **Carl Volk,** Direktor der Beuth-Schule, Berlin. Zugleich zweite, völlig veränderte Auflage des Buches **W. Ahrens, Die Kugellager.** Mit etwa 200 Textabbildungen. Erscheint Anfang 1925

Fünftes Heft: **Zahnräder.** II. Teil. Räder mit schrägen Zähnen (Räder mit Schraubenzähnen und Schneckengetriebe). Von Prof. Dr. **A. Schiebel,** Prag. Zweite, vermehrte Auflage. Mit 137 Textfiguren. (134 S.) 1923. 5.50 Goldmark

Sechstes Heft: **Schubstangen und Kreuzköpfe.** Von Oberingenieur **H. Frey,** Waidmannslust bei Berlin. Mit 117 Textfiguren. (36 S.) 1913. 2 Goldmark

Weitere Hefte befinden sich in Vorbereitung.

Taschenbuch für den Maschinenbau. Bearbeitet von Fachleuten, herausgegeben von Professor **Heinrich Dubbel,** Ingenieur, Berlin. Vierte, erweiterte und verbesserte Auflage. Mit 2786 Textfiguren. In zwei Bänden. (1739 S.) 1924. Gebunden 18 Goldmark

WERKSTATTBÜCHER

FÜR BETRIEBSBEAMTE, VOR- UND FACHARBEITER
HERAUSGEGEBEN VON EUGEN SIMON, BERLIN

In Vorbereitung befinden sich:

Festigkeit und Formänderung. Von H. Winkel.

Fräser. Von P. Zieting.

Einrichten von Automaten I. Von K. Sachse

Einrichten von Automaten II. Von Ph. Kelle, A. Kreil, E. Gothe.

Gesenkschmiede. Von P. H. Schweißguth.

Prüfen und Aufstellen von Werkzeugmaschinen. Von W. Mitan.

Werkzeuge für Revolverbänke. Von K. Sauer.

Einbau und Behandlung der Kugellager. Von H. Behr.

Haupt- und Schaltgetriebe der Werkzeugmaschinen. Von Walther Storck.

Fräsen. Von W. Birtel.

Kaltsägeblätter. Von A. Stotz.

Herstellung der Gewindeschneidwerkzeuge. Von Th. Müller.

Herstellung der Lehren. Von A. Stich.

Beizen und Entrosten. Von Otto Vogel.

Verlag von Julius Springer in Berlin W 9